鸟类的
100个冷知识

赵亮/文

天 地 出 版 社 | TIANDI PRESS

图书在版编目（CIP）数据
鸟类的 100 个冷知识 / 赵亮文 . -- 成都 : 天地出版社，2025.2
（猜你不知道）
ISBN 978-7-5455-8249-9
Ⅰ . ①鸟… Ⅱ . ①赵… Ⅲ . ①鸟类 - 儿童读物 Ⅳ . ① Q959.7-49

中国国家版本馆 CIP 数据核字 (2024) 第 033338 号

CAI NI BU ZHIDAO · NIAOLEI DE 100 GE LENG ZHISHI
猜你不知道 · 鸟类的 100 个冷知识

出品人　陈小雨　杨　政
监　制　陈　德
作　者　赵　亮
审　订　秦　彧
策划编辑　凌朝阳　何熙楠
责任编辑　何熙楠
责任校对　马志侠
封面设计　田丽丹
内文排版　罗小玲
责任印制　高丽娟

出版发行　天地出版社
（成都市锦江区三色路 238 号　邮政编码：610023）
（北京市方庄芳群园 3 区 3 号　邮政编码：100078）
网　址　http://www.tiandiph.com
经　销　新华文轩出版传媒股份有限公司

印　刷　北京天宇万达印刷有限公司
版　次　2025 年 2 月第 1 版
印　次　2025 年 2 月第 1 次印刷
开　本　710mm × 1000mm 1/16
印　张　13
字　数　274 千字
定　价　40.00 元
书　号　ISBN 978-7-5455-8249-9

咨询电话：（028）86361282（总编室）
购书热线：（010）67693207（营销中心）

如有印装错误，请与本社联系调换

目录

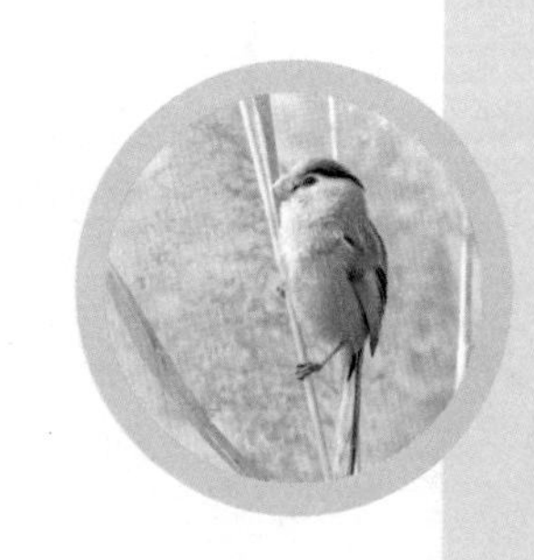

在本册书中，你会看到按时洗澡的蓝冠噪鹛、声音模仿家——华丽琴鸟、跨越两极的旅行家——北极燕鸥、鸟中臭鼬——戴胜、体形最大的鸟——鸵鸟等不同种类的鸟，了解它们都有哪些生存本领。现在就一起去探寻“蓝冠噪鹛是在什么时间洗澡”“华丽琴鸟可以模仿多少种声音”“北极燕鸥的迁徙距离有多长”等问题的答案吧！

聪明又凶悍的喜鹊

自古以来，在中国的很多地方，喜鹊被人们当成吉祥之鸟，看到喜鹊或听到它们的叫声都被认为是好兆头。现实中，喜鹊却远非“吉祥之鸟”那么可爱。

喜鹊是雀形目鸦科鹊属的鸟类，分布于亚、非、欧三洲和北美的广袤地区。喜鹊家族的势力范围如此之大，离不开它们出色的适应能力。平原、丘陵、林地，甚至是人类居住的村庄和城镇，都能寻觅到这种黑白相间的鸟的身影；树木、电线杆、路灯杆、广告架、护栏上，都有它们筑的巢。

在食物选择上，喜鹊来者不拒。它们在夏季喜欢吃蝗虫、甲虫之类的昆虫，其他季节主要以植物的果实和种子为食。其他鸟类的雏鸟、鸟蛋、青蛙、小鱼和小蛇，甚至小型哺乳动物的尸体，也在它们的食谱中。

身为鸦科鸟类，喜鹊非常聪明，在远离森林的地方，它们懂得利用铁丝、鞋带，甚至烟头等人类的废弃物筑巢。喜鹊平时以家庭为单位生活，遇到猛禽时会临时组成较大的群体，群起而攻之。

喜欢啄尾巴的乌鸦

对于乌鸦，不同的人有不同的看法：有人因为它们乌黑的体色而视其为不祥之物；有人认为它们会反哺，是孝顺的象征。

严格来说，乌鸦并不是某一种鸟，而是雀形目鸦科鸦属若干种名字中带“乌鸦”二字的鸟的统称。乌鸦广泛分布于亚洲、非洲、欧

zhōu ào dà lì yà hé běi měi dà lù shān dì píng yuán cǎo dì
洲、澳大利亚和北美大陆。山地、平原、草地、
hé gǔ hǎi àn tái yuán yǐ jí gè zhǒng yuán shǐ hé cì shēng lín dì
河谷、海岸、苔原，以及各种原始和次生林地
dōu shì tā men ān jiā hé huó dòng de chǎng suǒ wǒ guó bǐ jiào cháng jiàn de
都是它们安家和活动的场所。我国比较常见的
yǒu dà zuǐ wū yā xiǎo zuǐ wū yā tū bí wū yā děng
有大嘴乌鸦、小嘴乌鸦、秃鼻乌鸦等。

wū yā shì shè huì xìng niǎo lèi xǐ huan jí jié chéng dà qún shēng
乌鸦是社会性鸟类，喜欢集结成大群生
huó tā men hūn sù tōng chī gǔ wù jiāng guǒ kūn chóng niǎo dàn
活。它们荤素通吃，谷物、浆果、昆虫、鸟蛋、
yòu niǎo fǔ ròu dōu zài tā men de shí pǔ zhōng dāng miàn duì yīng sǔn
幼鸟、腐肉都在它们的食谱中。当面对鹰、隼、
māo tóu yīng děng měng qín shí wū yā huì kào jí tǐ de lì liàng qū gǎn duì
猫头鹰等猛禽时，乌鸦会靠集体的力量驱赶对
fāng yǒu shí hái huì hé xǐ què huī xǐ què děng tóng kē qīn qi zǔ chéng
方，有时还会和喜鹊、灰喜鹊等同科亲戚组成
lián méng
联盟。

wū yā shì fēi cháng cōng míng de niǎo kē xué shí yàn fā xiàn tā men
乌鸦是非常聪明的鸟，科学实验发现它们
huì shǐ yòng gōng jù yōng yǒu hěn qiáng de jì yì lì wū yā de hào qí
会使用工具，拥有很强的记忆力。乌鸦的好奇
xīn hěn qiáng méi shì xǐ huan zhuó yǎo qí tā dòng wù de wěi ba wán suǒ
心很强，没事喜欢啄咬其他动物的尾巴玩。所
wèi cōng míng fǎn bèi cōng míng wù wū yā zhè zhǒng xíng wéi yǒu shí
谓“聪明反被聪明误”，乌鸦这种行为，有时
huì wèi tā men zhāo lái shā shēn zhī huò
会为它们招来杀身之祸。

会“种树”的冠蓝鸦

很多动物都会“种树”，方法大致有两种：一种是把无法消化的种子排泄到体外；另一种是把种子掩埋起来当储备粮，冠蓝鸦就属于后者。

冠蓝鸦也叫蓝松鸦，是雀形目鸦科的鸟

类，和乌鸦同属一科，因头顶上羽冠为蓝色而得名。冠蓝鸦体长20～30厘米，栖息在北美洲较为开阔的林地中，尤其喜欢由多种树木组成的混合林地，以各种植物的嫩芽、叶子、果实、种子为主食，有时也捕食小型无脊椎动物。

在冬天来临之前，为防止寒冬时期找不到足够的食物过冬，冠蓝鸦还会有意埋藏食物，以备不时之需。在喙尖、嘴巴和喉囊并用的情况下，一只冠蓝鸦一次可以搬运大约5枚种子或果实，一个秋季则可达到3000～5000枚。

“储备粮”如此之多，以至于冠蓝鸦很多时候根本吃不完。这些没被吃掉的种子到了第二年就会在土里生根发芽，并逐渐长成新树。

嘴巴“错位”的交嘴雀

绝大多数脊椎动物的嘴巴分成两部分，由上下颌构成，并且上下颌的位置是相互对着的，但一类名为交嘴雀的小鸟却是例外。

交嘴雀是雀形目燕雀科交嘴雀属鸟类的统

称，其踪迹遍布亚洲、欧洲、非洲和中北美地区海拔1000～5000米的寒温带林地。

交嘴雀成鸟体长不超过20厘米，体形和麻雀相近。不同种类的交嘴雀在身体细节上略有差异，有的雄鸟是砖红色的，有的翅膀上有白色的羽毛，但都长了一张错位的嘴。交嘴雀的上下喙左右交错，且上喙向下延长，下喙向上翘起，最前面的喙尖没有挨到一起。

它们奇特的鸟喙像精巧的工具，可以撬开松果的一层层鳞片，方便它们用灵巧的舌头取出松子。然后，交嘴雀会用有力的鸟喙嗑开松子，尽情享受营养美味的松子仁。

矿工的“护身符”——金丝雀

金丝雀是世界著名的宠物鸟，对于现代人来说，它们的价值或许只限于观赏。但在100多年前，这些小精灵可是矿工们的“护身符”。

金丝雀是雀形目燕雀科丝雀属的鸟，体形小巧，平均只有13厘米长。野生种群生活在非洲西北部的亚速尔群岛、马德拉岛和加那利群岛等地方，是非洲特有鸟类，直到17世纪才因为西班牙人的发现而逐渐被世界所熟知。

和家养的宠物金丝雀相比，野生金丝雀的羽毛不那么艳丽，由黄、绿、黑三色构成，却同样喜欢鸣叫，总是叽叽喳喳叫个不停。这个特点，再加上出色的嗅觉，让金丝雀成了矿工的“护身符”。

在19世纪和20世纪初，矿工下矿井作业时经常要面临瓦斯泄漏的危险。在瓦斯稍有泄漏时，人类无法闻到异味，但金丝雀可以。一旦闻到异味，它们就会停止鸣叫。因此，当时的矿工总喜欢提着金丝雀的笼子下矿，还在笼子上安装了小型氧气瓶，以便为中毒的金丝雀输入救命的氧气。如今的瓦斯报警器以黄色为主，就是为了向曾经起报警作用的金丝雀致敬。

舌头像刷子的太阳鸟

在亚洲、非洲、大洋洲的温暖地区，生活着一类爱吃花蜜的小鸟。它们的大小和身体细节略有差异，但都非常漂亮，身上覆盖着多种颜色的羽毛，在阳光下耀眼夺目，这就是太阳鸟。

太阳鸟是雀形目太阳鸟科的鸟类的统称，中国共有7种，生活在南方温暖的地区。太阳鸟的适应能力很强，茂密的热带雨林、开阔的农田河谷、人类活动的公园等地方，都能见到它们的身影。

太阳鸟的外形与同样喜欢吃花蜜的蜂鸟很像，但太阳鸟悬停和倒飞的能力远不如蜂鸟，故而太阳鸟通常站在花枝和花序上吸吮花蜜。它们会把喙深入花冠，配合末端像带有梳齿的细长管状舌头，取食花蜜。在这个过程中，太阳鸟的头部会蹭到花粉，当它们飞到其他花上时就会把花粉也带过去，从而完成传粉任务。但也有些太阳鸟会采用简单粗暴的办法，直接用喙戳破花冠底部来进食。

体操小能手——棕头鸦雀

棕头鸦雀体长11～13厘米，是与麻雀相似但体形更小的雀形目鸟类，属于鸦雀科鸦雀属。

棕头鸦雀分布于中国、俄罗斯、越南、朝鲜、缅甸境内。其中尤以我国居多，东北、华北、华中、华南、西南、西北等地区的林地、草坡、竹林、灌丛、芦苇丛、果园、庭院等自然和人工环境中都能找到它们。

棕头鸦雀总体呈棕褐色，身材像个小圆球。虽然看起来胖嘟嘟的，但棕头鸦雀却拥有灵活的爪子和较长的尾巴，能够轻易抓牢纤细的芦苇或树枝，并做出侧抓、倒挂等高难度动作，姿态就像体操运动员。

棕头鸦雀是杂食性鸟类，最喜爱的食物是芦苇秆中的虫子。它们首先会啄开芦苇最外层的叶鞘，来观察里面是否有白絮状物体。白絮状物体越多，说明里面的虫卵越多。遇到这种情况，棕头鸦雀就会加快啄芦苇秆的速度，争取尽快吃上美味。由于自己体形小，棕头鸦雀的食物经常被其他食虫鸟类抢走，此时，它们就不得不吃点种子来填饱肚子了。

zū shǔ tù fáng de xī zàng xuě què
“租鼠兔房”的西藏雪雀

duì yú xǔ duō niǎo ér lái shuō jiàn zào cháo xué lí bù kāi zhí wù de
对于许多鸟儿来说，建造巢穴离不开植物的
zhī yè rú guǒ shì zhí bèi xī shǎo de dì fang xiǎng jiě jué zhè ge wèn tí
枝叶。如果是植被稀少的地方，想解决这个问题
jiù bǐ jiào má fan le shēng huó zài qīng zàng gāo yuán de xī zàng xuě què xiǎng
就比较麻烦了。生活在青藏高原的西藏雪雀想
dào le zū fáng de bàn fǎ
到了“租房”的办法。

xī zàng xuě què zài shēng wù fēn lèi zhōng shǔ yú què xíng mù què kē xuě
西藏雪雀在生物分类中属于雀形目雀科雪
què shǔ tǐ cháng lí mǐ tǐ zhòng kè fēn
雀属，体长 14.2 ~ 16.9 厘米，体重 30 ~ 34 克，分
bù yú zhōng guó qīng hǎi hé xī zàng dì qū yǐ zhí wù de zhǒng zi guǒ
布于中国青海和西藏地区，以植物的种子、果
shí nèn yá kūn chóng hé qí tā xiǎo xíng wú jǐ zhuī dòng wù wéi shí
实、嫩芽，昆虫和其他小型无脊椎动物为食，
shì zá shí xìng niǎo lèi
是杂食性鸟类。

xī zàng xuě què suǒ shēng huó de dì qū zhí bèi xī shǎo yòu bù fá
西藏雪雀所生活的地区植被稀少，又不乏
měng qín hé shí ròu dòng wù xiǎng zhǎo gè ān quán de dì fang dā wō zhù cháo
猛禽和食肉动物，想找个安全的地方搭窝筑巢
kě bù róng yì xī zàng xuě què jué dìng jiè zhù shǔ tù tù zi de qīn
可不容易。西藏雪雀决定借助鼠兔（兔子的亲

戚）闲置的房子（其他雪雀也有类似行为）。

西藏雪雀所借住的房子并不是鼠兔真正居住的洞穴，而是其附近的盲洞（所谓狡兔三窟，鼠兔除居住的洞穴外，还会挖一些备用的避难所，这些避难所被称为“盲洞”）。西藏雪雀在鼠兔的房子里搭窝筑巢，养育后代。作为回报，它们会帮视力不好的鼠兔站岗放哨，盯住随时可能出现的天敌，就算“交房租”了。

芦苇中的啄木鸟——震旦鸦雀

近些年，一种酷似麻雀的小型鸟类频繁在北京出现，它有个非常古怪的名字——震旦鸦雀。

震旦鸦雀在分类上属于雀形目鸦雀科鸦雀属，体长 18 ~ 20 厘米，比麻雀略大，是中国特有鸟类。

震旦鸦雀是由发现大熊猫、麋鹿、金丝猴

等珍稀物种的法国传教士博物学家戴维命名的。1872年，戴维首次发现了这种身体像麻雀，喙却接近鹦鹉的小鸟，他感到非常奇怪，就用古印度对中国的称呼“震旦”作为种名，并将其归为鸦雀属。

和随遇而安能适应多种生境的麻雀不同，震旦鸦雀只生活在芦苇丛中。可栖身的场所少，震旦鸦雀的食物自然也不像麻雀那么丰富，主要是在芦苇丛中生活的昆虫，以及寄生在芦苇秆中的虫卵和幼虫。

每次发现食物后，震旦鸦雀就会用坚硬的喙像人嗑瓜子一样嗑开芦苇秆，把里面的虫子吃掉，它们也因此被称为“芦苇中的啄木鸟”。除了自己动手，震旦鸦雀有时也吃现成的，它们会把粘在蜘蛛网上的昆虫“一网打尽”。

让食草动物又爱又恨的牛椋鸟

不同物种之间有些会存在“共生”关系，共生关系里有一种被称为“原始协作”，牛椋鸟和食草动物就属于这种关系。

牛椋鸟俗称“犀牛鸟”，是非洲特有鸟

类，在生物学上和我们熟悉的会“说话”的八哥同属雀形目椋鸟科。身为食虫鸟类，牛椋鸟喜欢站在食草动物身上，通过啄食它们身上的寄生虫来填饱肚子，同时还会在发现危险前，发出警报提醒食草动物注意。因此，对于那些健康的食草动物来说，牛椋鸟是非常受欢迎的朋友。

不过，对于受伤的食草动物来说，牛椋鸟算是“小恶魔”了，因为除了吃寄生虫，这种小家伙还会吸血，会通过啄食食草动物的伤口来满足自己的需求。这可苦了那些成为目标的伤者，它们的伤口会随着啄食而恶化，严重的甚至会死亡。

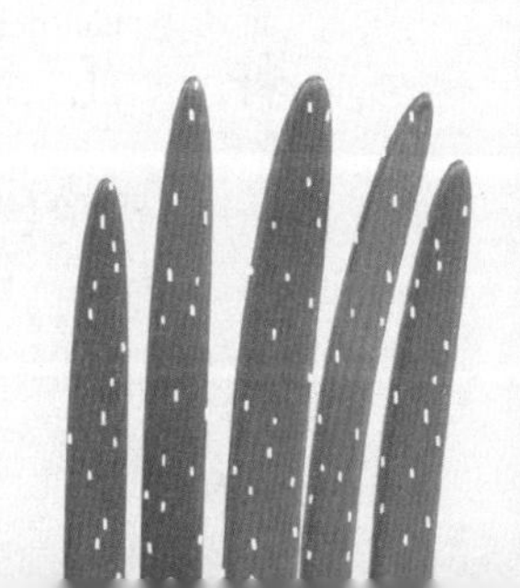

按时洗澡的蓝冠噪鹛

蓝冠噪鹛是我国特有的小型鸟类，仅分布于江西婺源及其周边，成鸟体长约24厘米。蓝冠噪鹛是一种小型鸣禽（善于鸣叫），和我们熟悉的画眉关系较近，属于雀形目噪鹛科噪鹛属。

蓝冠噪鹛的名字来源于其头上靓丽的羽毛。它们有着鲜黄色的喉部、黑色的眼部，以及靛蓝色的头顶羽毛，因此也叫靛冠噪鹛。

蓝冠噪鹛生活在亚热带地区。为了蛋和雏鸟的安全，它们会把巢穴搭建在高度5米以上的树上。成鸟则主要在地面活动，以草莓、树籽、昆虫、蚯蚓为食。

生活在炎热的地方，冲凉是非常必要的，

lán guān zào méi fēi cháng xǐ huan xǐ zǎo ér qiě tè bié yǒu guī lǜ kē
蓝冠噪鹛非常喜欢洗澡，而且特别有规律。科

xué jiā guān chá fā xiàn chú fēi tiān jiàng bào yǔ fǒu zé lán guān zào méi
学家观察发现，除非天降暴雨，否则蓝冠噪鹛

huì měi tiān xǐ liǎng cì zǎo ér qiě shí jiān jī běn shì zài shàng wǔ diǎn
会每天洗两次澡，而且时间基本是在上午10点

hé xià wǔ diǎn měi dào zhè liǎng gè shí jiān diǎn lán guān zào méi jiù huì
和下午4点。每到这两个时间点，蓝冠噪鹛就会

jí tǐ lái dào xiǎo xī zhōng ràng xī shuǐ dǎ shī zì jǐ de yǔ máo rán hòu
集体来到小溪中，让溪水打湿自己的羽毛，然后

yòng huì jìn xíng qīng lǐ
用喙进行清理。

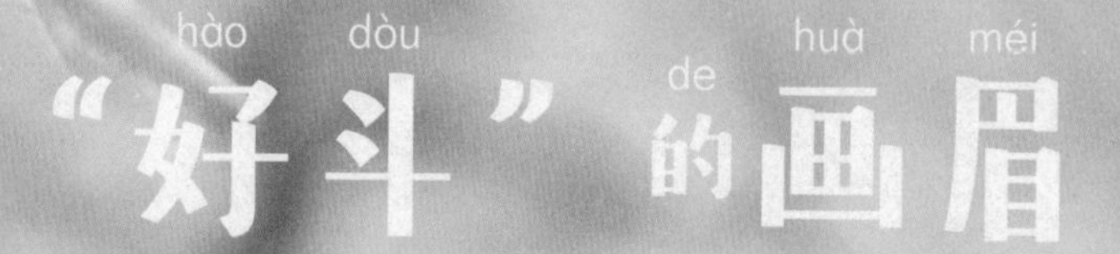

“好斗”的画眉

常言道，“人不可貌相”，说的是不能以长相猜度人的性格。这话同样适用于鸟类，比如，看上去娇小可爱的画眉就是个暴脾气。

画眉是雀形目噪鹛科的鸟类，体长 21 ~ 24

厘米，是亚洲特有鸟类，栖息于东亚、东南亚，以及我国华东、华中、华南、西南地区。

和所有噪鹛科的鸟一样，画眉同样有一副好嗓子，具体说是雄性画眉有一副好嗓子。每年春季进入求偶期后，雄画眉每天清早的第一件事就是不停地鸣叫，这鸣叫声会持续一两个小时，抑扬顿挫充满节奏感，听上去就像在唱歌。配对成功的画眉会小心经营自己的“家”，通常会把“家”建在灌丛或矮树丛等有遮蔽物的地方，以防蛋和雏鸟被食肉动物偷袭。

别看画眉个子小，却是个“好斗”的性子。雄画眉在求偶期除了展现美妙的歌喉以博取异性的青睐，必要的时候还会和同性同胞比拼唱功，如果不能让对方知难而退，那就用武力解决问题。

悬挂食物的伯劳

伯劳是雀形目伯劳科伯劳属鸟类的统称，全世界约30种，分布于除南北两极、澳大利亚和南美洲外的各个地区；我国约13种，分布于全国各地。绝大多数伯劳体长不超过20厘米，少数较大的种类能达到30厘米。

在我国民间，伯劳有个俗称叫“虎不拉”。一个“虎”字道出了它们“好勇斗狠”的性格。伯劳虽小，身体却非常粗壮，拥有像猛禽一样带钩和锯齿的喙，这使得它们敢于和乌鸦、喜鹊、小鸮等体形大于自己的对手对战，甚至面对野猫也敢一搏。

伯劳在食物选择上是无肉不欢的，鱼、蛙类、鼠类、蜥蜴、昆虫，以及体形相仿或更小的鸟都在它们的食谱中，它们有时甚至会偷袭体形稍大的鸟。

因为爪子的力量不够，伯劳很难按住猎物完成拔毛的操作。为节省体力，它们会寻找比较尖锐的树枝，把猎物挂起来，固定好之后再用喙一点点啄咬。

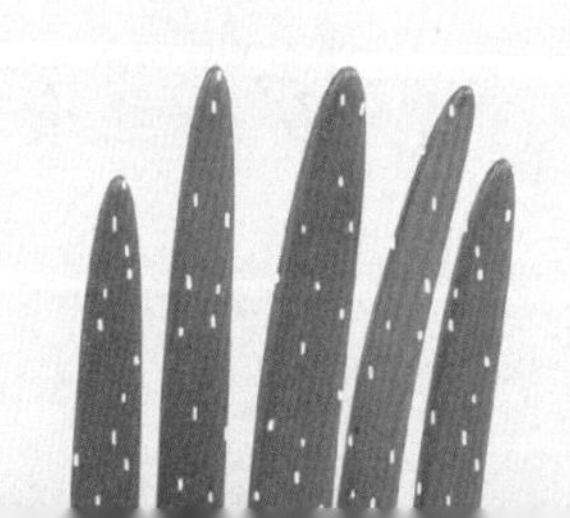

jiàn zào jū mín lóu de zhī bù niǎo
建造“居民楼”的织布鸟

dà duō shù niǎo dōu bú huì yǔn xǔ tóng lèi huò qí tā niǎo gēn zì jǐ zài
大多数鸟都不会允许同类或其他鸟跟自己在
yí gè dì fang zhù cháo yīn cǐ yì kē shù shàng tōng cháng zhǐ yǒu yí gè niǎo
一个地方筑巢，因此一棵树上通常只有一个鸟
cháo dàn zhī bù niǎo què shì gè lì wài
巢。但织布鸟却是个例外。

zhī bù niǎo shì guǎng fàn fēn bù yú fēi zhōu hé yà zhōu nán bù de
织布鸟是广泛分布于非洲和亚洲南部的
niǎo zài wǒ guó zhǔ yào qī xī zài yún nán shěng dà xiǎo hé má què chà bu
鸟，在我国主要栖息在云南省，大小和麻雀差不
duō fēn lèi shàng yě shǔ yú què xíng mù yǐ cǎo zǐ děng zhí wù xìng shí
多，分类上也属于雀形目，以草籽等植物性食
pǐn wéi zhǔ shí
品为主食。

织布鸟非常擅长筑巢，它们的巢看上去像手工缝制的艺术品。织布鸟巢穴由枝条、草丝、树叶等材料混合织成。为吸引雌鸟，一些雄鸟还会把巢穴建成“二层小楼”，一层是生活区，二层是雌鸟的产房。

和大多数鸟类不同，织布鸟不仅会集体寻找食物，连巢穴都会紧挨着建造。很多织布鸟会选择在同一棵树上筑巢。这些巢穴从外面看是一个整体，挂在树上就像“居民楼”一般，内部则用草料隔成一个个单独的房间。

为防止大风对“房子”的破坏，织布鸟会把巢穴建造成葫芦形或圆形，并且在内部铺上大量柔软的植物。这样即便是发生坠落事故，落地时也能起到缓冲作用，可以很好地保护雏鸟和鸟蛋。

筑巢却不住的棕灶鸟

为了有个安全舒适的休息环境，大多数鸟类都会建造巢穴。但有一种鸟却不住在自己的家里，这就是棕灶鸟。

棕灶鸟是南美洲特有鸟类，和麻雀同属雀形目，其所在的灶鸟科同样只生存在美洲新大陆。棕灶鸟体长16～23厘米，喜欢在地面上觅食，爱吃昆虫和植物种子。

和我们熟悉的燕子一样，棕灶鸟也喜欢用泥土盖房子，而且房屋布局更加复杂。棕灶鸟的巢穴从外面看平常无奇，里面却暗藏玄机。洞口较小，里面有较长的过道，过道尽头有个不起眼的小门，进去才是存放鸟蛋和雏鸟居住的地方。

àn shì kě yǒu xiào jiàng dī niǎo dàn huò chú niǎo bèi tiān dí fā xiàn de gài lǜ
暗室可有效降低鸟蛋或雏鸟被天敌发现的概率。

chú le chǎn dàn fū huà wèi shí chéng nián zōng zào niǎo jī hū
除了产蛋、孵化、喂食，成年棕灶鸟几乎
bú huì jìn rù zì jǐ xīn kǔ jiàn zào de fáng wū nèi ér shì xuǎn zé zài bù
不会进入自己辛苦建造的房屋内，而是选择在不
yuǎn chù de shù shàng xiū xi zhè yàng yí dàn yǒu lái fàn zhě qǐ tú pò cháo
远处的树上休息。这样一旦有来犯者企图破巢
ér rù shēn wéi fù mǔ de chéng nián zōng zào niǎo kě yǐ dì yī shí jiān cóng
而入，身为父母的成年棕灶鸟可以第一时间从
wài wéi duì rù qīn zhě zhǎn kāi gōng jī
外围对入侵者展开攻击。

嗓门最大的鸟——白钟伞鸟

白钟伞鸟是南美洲特有的雀形目鸟类，因此也叫白钟雀。白钟伞鸟主要栖息于亚马孙雨林中，因雄鸟浑身白色的羽毛而得名（雌鸟是淡黄底色加橄榄条纹）。

白钟伞鸟的奇特之处一方面来自雄鸟的形象，它们嘴巴上呈长条形向下生长着肉锤，在闭嘴时好像叼着一条小蛇；另一方面则是来自其洪亮的叫声。虽然体形只有鸽子大小，但白钟伞鸟却能发出125分贝的声音，比防空警报的声音只差5分贝，比人类正常说话的声音（60分贝左右）大多了，算得上嗓门最大的鸟。

白钟伞鸟叫声大，和它们的骨骼结构有关。白钟伞鸟的嘴可以张开到90度，嘴巴张得大，所能释放出的音量自然也大。还有观点认为，白钟伞鸟的肋骨上包裹着厚实且纹路清晰的肌肉，有助于提高音量。

声音模仿家——华丽琴鸟

很多野生鸟类有模仿声音的本领，比如华丽琴鸟。

华丽琴鸟生活在澳大利亚东南部，体长约1米，是一种大型的鸣禽。但在分类上却和麻雀同属雀形目，具体为雀形目的琴鸟科。它们名字里的“华丽”二字，来源于雄鸟尾巴上16

gēn cháng cháng de yǔ máo zhè gēn yǔ máo yóu dà liàng sī zhuàng yǔ
根长长的羽毛。这16根羽毛由大量丝状羽

máo xiāng lián zhǎn kāi shí rú tóng yì bǎ yǔ shàn fēi cháng piào liang
毛相连，展开时如同一把羽扇，非常漂亮。

jì rán shì míng qín huá lì qín niǎo zì rán fēi cháng shàn yú míng
既然是鸣禽，华丽琴鸟自然非常善于鸣

jiào kē xué yán jiū fā xiàn huá lì qín niǎo kě yǐ mó fǎng duō zhǒng
叫。科学研究发现，华丽琴鸟可以模仿多种

bù tóng de shēng yīn guāng shì qí tā niǎo lèi de jiào shēng jiù yǒu duō
不同的声音，光是其他鸟类的叫声就有20多

zhǒng rú guǒ suàn shàng qí tā shēng wù huò fēi shēng wù fā chū de shēng
种。如果算上其他生物或非生物发出的声

yīn nà kě yǐ dá dào jiāng jìn zhǒng rú yīng ér de tí kū
音，那可以达到将近100种，如婴儿的啼哭

shēng jǐng chē de jǐng dí shēng diàn zuàn de fá mù shēng bèi tā men mó
声、警车的警笛声、电钻的伐木声被它们模

fǎng de wéi miào wéi xiào
仿得惟妙惟肖。

huá lì qín niǎo tōng cháng dú jū shēng huó dāng yù gǎn dào zhōu wéi
华丽琴鸟通常独居生活，当预感到周围

kě néng yǒu tiān dí shí tā men huì yì biān sì jī táo pǎo yì biān mó
可能有天敌时，它们会一边伺机逃跑，一边模

fǎng yí dà qún niǎo shēng huó zài yì qǐ cái néng fā chū de shēng xiǎng
仿一大群鸟生活在一起才能发出的声响，

yǐ cǐ lái jǐng gào duì fāng yào miàn lín yì qún duì shǒu zài qiú ǒu
以此来“警告”对方要面临一群对手。在求偶

qī yì xiē xióng niǎo hái huì shuǎ xīn jī fā chū hěn kě pà de shēng
期，一些雄鸟还会耍心机，发出很可怕的声

yīn xià hu cí niǎo ràng tā men bù gǎn lí kāi zì jǐ
音吓唬雌鸟，让它们不敢离开自己。

拥有两种生活方式的丹顶鹤

在中国，丹顶鹤被赋予了很多美好的寓意，是优雅、长寿的象征。

丹顶鹤是鹤形目鹤科鹤属的鸟类，体长120～160厘米，是一种大型涉禽。修长的脖子和双腿让它们整个身形看起来又瘦又高。头顶上的红色裸皮（无毛的皮肤）就像戴了一顶漂亮的帽子。黑白相间以白为主的羽色看上去就像舞者的裙子，给人一种优雅的感觉，特别是当求偶期雌雄丹顶鹤一起跳跃鸣叫的时候。人工饲养的丹顶鹤寿命可达75岁，在鸟类中算绝对长寿的。丹顶鹤喜欢在滩涂、沼泽、芦苇丛等有水，但又不深的地方活动，以中小型

shuǐ shēng dòng wù hé shuǐ shēng zhí wù wéi shí
水生动物和水生植物为食。

dān dǐng hè mù qián yǒu liǎng gè yě shēng zhǒng qún yí gè yě shēng
丹顶鹤目前有两个野生种群。一个野生

zhǒng qún shēng huó zài zhōng guó měng gǔ guó cháo xiǎn bàn dǎo yǐ jí
种群生活在中国、蒙古国、朝鲜半岛，以及

é luó sī yuǎn dōng dì qū tā men shǔ yú hòu niǎo měi nián huì yīn fán
俄罗斯远东地区，它们属于候鸟，每年会因繁

zhí hé yuè dōng de xū qiú jìn xíng qiān xǐ lìng yí gè yě shēng zhǒng qún
殖和越冬的需求进行迁徙。另一个野生种群

cháng qī shēng huó zài rì běn běi hǎi dào yóu yú dāng dì rén chí xù shù
长期生活在日本北海道，由于当地人持续数

shí nián de tóu wèi shǐ de tā men zài dōng jì bù xū yào qiān xǐ jiù néng
十年的投喂，使得它们在冬季不需要迁徙就能

chī bǎo
吃饱。

用泥巴做伪装的灰鹤

鹤家族中有丹顶鹤这样看上去洁白无瑕的，也有灰头土脸的，比如灰鹤。

灰鹤是鹤科鸟类中最繁盛的两类成员之一（另一种是沙丘鹤），数量超过70万只，广泛分布于东亚、南亚、西亚、欧洲东北部，以及非洲北部等区域，我国大部分地区都可以见到它们的身影。灰鹤喜欢在植被较少的湿地、浅滩、湖泊等开阔地活动，以水中及岸上的各种动植物为食。昆虫、蚯蚓、蛙类、鼠类，甚至小蛇都在它们的食谱中，素食则包括植物的根、茎、叶、种子和果实。

灰鹤身高1.2米以上，体长1～1.2米，和丹

顶鹤一样拥有较长的脖子和双腿，按理说也算身材高挑，却无法给人以优雅的感觉。减分项来自它们的“着装打扮”和生活习惯。灰鹤不仅披着一身标志性的灰色羽毛，而且在孵蛋和养育雏鸟期间经常往身上涂抹灰泥。这种做法虽然在人类看来很脏，但对于灰鹤却是有好处的，因为这样可以减少自己及巢穴被天敌发现的概率，保护鸟蛋和雏鸟的安全。

“住得最高”的鹤——黑颈鹤

全世界共有4属15种鹤，分布在不同的海拔区域，这其中住得最高的是黑颈鹤。

黑颈鹤高约1.2米，长约1.5米，因头颈部大部分区域的羽毛为黑色而得名。黑颈鹤是东亚和南亚的特有鸟类，也是典型的高原居民，夏天在中国的西藏、青海、四川、甘肃，以及拉达克等地区繁育后代，冬天则飞到中国的贵州、云南、西藏东南部，以及印度、不丹等地区越冬。

黑颈鹤的迁徙时间通常在每年的3月开春和10月入秋的时候，大多数情况下会以3～5只的小群体为单位，偶尔也会集合成40～50只的大群。为减少长途飞行的体力消耗，黑颈鹤会像大雁一样时常在“人”字和“一”字之间变换队形。

因为终约生生活在人烟稀少的高原地区，黑颈鹤也是鹤家族中最晚被命名的。它们直到1876年才被科学家发现。

没有后脚趾的三趾鹑

大多数鸟类都长有4个脚趾，但也有一些鸟类的脚趾出现了退化甚至消失，三趾鹑就是其中的一员。

三趾鹑体长14～18厘米，全世界约有16种，广泛分布于亚洲、非洲和大洋洲；我国有3种，分布于除西北和青藏高原外的所有地方。因长得和鹌鹑类似，在民间俗称“水鹌鹑”。但它们最喜欢的活动场所是草丛和灌丛等干燥区域，以地面上的植物、昆虫和软体动物为食。

从名字不难猜出，三趾鹑每个脚上都长有3个指头，它们朝后的脚趾退化消失，这是区分于鹌鹑的显著标志。三趾鹑另一个比较奇特的

地方是它们的求偶方式。和大多数鸟类雄性比雌性漂亮，并且要通过打斗争夺雌鸟相反，三趾鹑的雌鸟拥有棕红色的枕部（后脑勺）和胸部，羽毛颜色比雄鸟更加鲜艳丰富，而且体形比雄鸟更大，性格也更强悍。在求偶期，这些美丽的“姑娘”会通过鸣叫、跳舞等方式吸引意中鸟，如果遇上“情敌”，那就会干上一架。

叫声透着“愁苦”的白胸苦恶鸟

鸟类的叫声多种多样，有的清脆动听、有的聒噪刺耳，还有的则透着“愁苦”，白胸苦恶鸟就是第三类的典型。

白胸苦恶鸟是鹤形目秧鸡科苦恶鸟属的鸟类，体长 26 ~ 35 厘米，是中等体形的涉禽，喜欢在沼泽、溪流、水塘等水流较浅，或者靠近水边的灌丛、竹林、疏林等地方活动，以昆虫、水生动物、植物种子为食。雌雄个体除繁殖期出双入对外，其余时间则基本独自生活，偶尔会组成3～5只的小群。白胸苦恶鸟栖息在东亚、南亚、西亚、东南亚地区，在我国主要分布于华南、华东、西南地区。

白胸苦恶鸟的名字一部分来源于它们白色的胸部，一部分来源于它们听起来像“苦恶”一样的叫声。除胸部外，白胸苦恶鸟的面部、前颈、腹部，以及翅膀边缘也都是白色的。虽然名字有“苦恶”，但白胸苦恶鸟的生存能力其实很强，较长的脚趾增加了行走时的稳定性，使它们能够轻松地在坡地上爬上爬下。

叫声像吹喇叭的喇叭鸟

喇叭鸟是南美洲特有鸟类，主要栖息在南美洲北部，在分类中属于鹤形目喇叭鸟科喇

ba niǎo shǔ chéng nián lǎ ba niǎo tǐ cháng yuē lí mǐ hé guàn chà
叭鸟属。成年喇叭鸟体长约50厘米，和鹳差

bu duō dàn huì què hěn duǎn hé jiā jī de zuǐ chà bu duō
不多，但喙却很短，和家鸡的嘴差不多。

lǎ ba niǎo kě yǐ fā chū duō zhǒng shēng xiǎng qí zhōng yǒu yì zhǒng
喇叭鸟可以发出多种声响，其中有一种

hěn xiàng chuī lǎ ba fēi cháng hóng liàng zhè yě shì tā men míng zi de
很像吹喇叭，非常洪亮，这也是它们名字的

yóu lái lǎ ba niǎo shēn cái yuán gǔn fēi xíng néng lì jiào chà dāng yù
由来。喇叭鸟身材圆滚，飞行能力较差。当遇

dào wēi xiǎn shí tā men shǒu xuǎn de táo pǎo fāng shì shì mài kāi liǎng tiáo xì
到危险时，它们首选的逃跑方式是迈开两条细

cháng què yǒu lì de tuǐ jí sù kuáng bēn zhǐ yǒu zài shí zài shuǎi bù kāi zhuī
长却有力的腿急速狂奔，只有在实在甩不开追

jī zhě de qíng kuàng xià cái huì yòng lì dǒu dòng chì bǎng qǐ fēi suī rán
击者的情况下，才会用力抖动翅膀起飞。虽然

fēi xíng néng lì bù jiā dàn zài bēn pǎo de fǔ zhù xià tā men yě néng fēi
飞行能力不佳，但在奔跑的辅助下它们也能飞

dào mǐ zuǒ yòu de gāo dù
到10米左右的高度。

lǎ ba niǎo shì sù shí niǎo yǐ zhí wù de guǒ shí wéi shí tā
喇叭鸟是素食鸟，以植物的果实为食。它

men de shā náng kě yǐ mó suì guǒ shí què bú huì pò huài guǒ shí zhōng de
们的砂囊可以磨碎果实，却不会破坏果实中的

zhǒng zi wú fǎ xiāo huà de zhǒng zi huì bèi zhí jiē pái chū tǐ wài
种子。无法消化的种子会被直接排出体外，

chóng xīn luò zài dì shàng shēng gēn fā yá
重新落在地上生根发芽。

最重的飞鸟——灰颈鹭鸨

灰颈鹭鸨是鸨形目鸨科鹭鸨属的鸟类，最早命名的标本发现于南非，因此也叫南非大鸨。它们在非洲东部和东北部也有分布。灰颈鹭鸨喜欢在稀树草原、灌丛、荆棘丛等地方活动，荤素通吃。荤食包括昆虫、小型爬行动物、鼠类、小型鸟类以及腐肉等；素食则是植物的根茎、果实、种子、树皮等。

成年雄性灰颈鹭鸨体重最大可达19千克，最长体长130厘米，是世界上体重最大的会飞的鸟。而雌性灰颈鹭鸨的体重只有5.5～5.7千克。雄鸟由于体重太大只能短距离飞行，通

常不超过300米；雌鸟则能一次性飞出较远的距离。

灰颈鹭鸨“以胖为美”，在求偶期，雄鸟会努力鼓起脖子，让自己看上去圆滚滚的。

cí xióng bié míng bù tóng de dà bǎo

雌雄别名不同的大鸨

dà bǎo shì shēng huó zài ōu yà fēi sān zhōu de dà xíng niǎo lèi
大鸨是生活在欧、亚、非三洲的大型鸟类，
quán shì jiè zhǐ yǒu yì zhǒng shì xiōng yá lì de guó niǎo zài zhōng guó
全世界只有一种，是匈牙利的国鸟。在中国、
é luó sī hé dōng běi yà qí tā dì qū yǐ jí tǔ ěr qí ōu zhōu dōng
俄罗斯和东北亚其他地区，以及土耳其、欧洲东
bù yī bǐ lì yà bàn dǎo hé mó luò gē běi bù dà bǎo huó yuè yú píng
部、伊比利亚半岛和摩洛哥北部，大鸨活跃于平
yuán cǎo yuán xī shù cǎo yuán hé bàn huāng mò děng kāi kuò qū yù
原、草原、稀树草原和半荒漠等开阔区域。

shuō dà bǎo shì dà xíng niǎo zhǔ yào shì yóu yú qí xióng xìng de tǐ
说大鸨是大型鸟，主要是由于其雄性的体
xíng jiào dà chéng nián xióng xìng dà bǎo tǐ cháng mǐ zuǒ yòu tǐ zhòng bù
形较大。成年雄性大鸨体长1米左右，体重不
shǎo yú qiān kè xiāng bǐ zhī xià cí xìng dà bǎo jiù xiù zhēn le xǔ
少于10千克。相比之下，雌性大鸨就袖珍了许
duō tǐ cháng dà duō bù chāo guò lí mǐ tǐ zhòng tōng cháng bù chāo
多，体长大多不超过50厘米，体重通常不超
guò qiān kè dāng yí duì dà bǎo fū qī zhàn zài yì qǐ de shí hou xiāng
过6千克。当一对大鸨夫妻站在一起的时候，相
chà jī hū yí bèi de tǐ xíng ràng tā men kàn shàng qù jiù xiàng chéng niǎo hé yòu
差几乎一倍的体形让它们看上去就像成鸟和幼
niǎo kān chēng zuì méng shēn gāo chā
鸟，堪称“最萌身高差”。

chú le tǐ xíng shàng de jù dà chā jù dào le fán zhí jì jié
除了体形上的巨大差距，到了繁殖季节，
xióng xìng dà bǎo de xià ba shàng huì zhǎng chū kù sì shān yáng zōng máo de bái
雄性大鸨的下巴上会长出酷似山羊鬃毛的白
sè xū yǔ tā men yě yīn cǐ bèi sú chēng wéi yáng xū bǎo cí
色须羽，它们也因此被俗称为“羊须鸨”。雌
xìng yīn wèi méi yǒu lèi sì de xū yǔ bèi chēng wéi shí bǎo dà
性因为没有类似的须羽，被称为“石鸨”。大
bǎo yě shì hǎn jiàn de liǎng xìng bié míng bù tóng de wù zhǒng
鸨也是罕见的两性别名不同的物种。

dà bǎo shì zá shí xìng niǎo lèi shí wù zhōng sù de bāo kuò nèn yá
大鸨是杂食性鸟类。食物中素的包括嫩芽、
yè zi cǎo zǐ zhǒng zi gǔ wù hūn de zé shì yǐ xiàng bí chóng
叶子、草籽、种子、谷物；荤的则是以象鼻虫、
huáng chóng yóu cài jīn huā chóng wéi zhǔ de gè zhǒng kūn chóng yǒu shí yě
蝗虫、油菜金花虫为主的各种昆虫，有时也
bǔ zhuō wā lèi
捕捉蛙类。

“哑巴”鸟——波斑鸨

长颈鹿因为很少发出叫声而一度被认为是“哑巴”，鸟类中的波斑鸨同样如此。

波斑鸨是鸨形目鸨科的鸟类，因身上的斑点总体看上去像波纹而得名，体长55～65厘米。波斑鸨生活在从亚洲中部、西南部，到北非埃及的广大土地；在我国主要栖息在新疆的西部和北部地区。和其他大型鸟一样，波斑鸨喜欢在较为开阔的平原、草地、荒漠或半荒漠区域活动，以昆虫、蜥蜴等无脊椎动物，植物的种子、叶子、嫩芽为食。

和大多数鸟类相比，波斑鸨的鸣管（相当

于人和哺乳动物的声带）不甚发达。由于它们体力较弱（启动慢、飞行距离短），生活区域又不适合隐藏，为安全起见，波斑鸨几乎从不鸣叫，同伴间通常只用眼神交流。

由于所处环境大多干旱缺水，波斑鸨练就了极强的耐渴能力。生活在我国新疆准噶尔盆地的波斑鸨，亲鸟为守护蛋和雏鸟，在繁殖期从不喝水，只从食物里获取水分。

嘴巴像勺子的勺嘴鹬

每年秋季，中国江苏沿海地区的滩涂上都能看到一种嘴巴像勺子的小鸟，这就是勺嘴鹬。

勺嘴鹬是一种小型涉禽，成鸟体长15厘米左右，体重35克，和麻雀差不多大。

勺嘴鹬最突出的地方莫过于扁扁的像勺子一样的喙了。进食的时候，勺嘴鹬会把这把勺子插进水里，不断左右摆动进行“扫荡”，从而将水下的小虾、水生昆虫、蠕虫、水生植物种子等荤素食物一同扫入口中，样子有点像猪吃食。

别看个子小，勺嘴鹬可是长途飞行的高手。夏天时，勺嘴鹬出生在俄罗斯的楚科奇半岛。为避开那里寒冷的冬季，它们在入秋后会向

南方迁徙，经朝鲜、中国，最后抵达东南亚地区。等到冬去春来的时候，它们又会返回楚科奇半岛，进行新一轮的繁衍生息。

为保障有足够的体力飞到目的地，勺嘴鹬会在途中找一些食物丰富的滩涂停下来休息觅食，同时完成换羽。勺嘴鹬在繁殖期的羽毛颜色要比越冬时的艳丽，这是为了吸引异性。

zǒu lù xiàng tiào wǔ de qiū yù
走路像跳舞的丘鹬

dà duō shù dòng wù zài xíng zǒu shí dōu bú huì fǎn fù zài yí gè dì fang
大多数动物在行走时都不会反复在一个地方
tà lái tà qù qiū yù què shì gè lìng lèi
踏来踏去，丘鹬却是个另类。

qiū yù shì héng xíng mù yù kē qiū yù shǔ de niǎo lèi tǐ cháng
丘鹬是鸻形目鹬科丘鹬属的鸟类，体长
lí mǐ zài yù kē niǎo lèi zhōng shǔ yú xiāng duì jiào dà de
32～42厘米，在鹬科鸟类中属于相对较大的。
tā men fēn bù yú yà zhōu fēi zhōu ōu zhōu dì qū shì qiān xǐ xìng hòu
它们分布于亚洲、非洲、欧洲地区，是迁徙性候
niǎo zài wǒ guó tā men zhǔ yào zài xīn jiāng hé dōng běi dì qū fán zhí
鸟。在我国，它们主要在新疆和东北地区繁殖，
zài xī nán jí cháng jiāng yǐ nán dì qū yuè dōng qiū yù shì zá shí xìng niǎo
在西南及长江以南地区越冬。丘鹬是杂食性鸟
lèi yǐ kūn chóng yú xiā zhí wù de gēn guǒ zhǒng zi wéi shí
类，以昆虫、鱼虾，植物的根、果、种子为食。

qiū yù zuì gǎo xiào de dì fang yào suàn tā men de zǒu lù zī shì
丘鹬最搞笑的地方要算它们的走路姿势
le dāng yì zhī jiǎo mài chū bìng cǎi dì hòu tā men bìng bú huì mǎ
了。当一只脚迈出并踩地后，它们并不会马
shàng mài lìng yì zhī jiǎo ér shì huì yòng yǐ jīng cǎi dì de jiǎo fǎn fù
上迈另一只脚，而是会用已经踩地的脚反复
cǎi tà qián fāng de dì miàn zài zhè ge guò chéng zhōng qiū yù de zhěng
踩踏前方的地面。在这个过程中，丘鹬的整

个身体都会跟着晃动，看起来就像跳舞。

对于丘鹬的这种怪异行为，科学界目前有两种解释：一种认为丘鹬经常要在沼泽、湿地环境中捕鱼抓虾，这样试探着走路是为了确保下一脚踩的地方足够结实，不至于陷下去；另一种观点认为这样反复踩踏可以把地里的小虫惊出来，是它们的捕食方式。

由于翅膀比身长短，丘鹬的飞行速度只有每小时8000米左右，是飞得最慢的鸟之一，但它们的耐力极好，可长时间飞行。

下喙比上喙长的剪嘴鸥

绝大多数的鸟类要么上下喙长度相等，要么上喙长于下喙，但剪嘴鸥却不走寻常路——下喙比上喙还要长。

剪嘴鸥成鸟体长 40 ~ 43 厘米，是一种中等体形的水鸟，主要栖息于南亚和东南亚地区，在中国南方沿海也偶有踪迹。

剪嘴鸥的喙大部分呈红色，靠近嘴巴尖的一小段为黄色。喙的形状长而侧扁，看上去很像剪刀，这也是其得名的原因。剪嘴鸥的下喙明显长于上喙，有点儿“地包天”的感觉，这是为适应特殊的觅食习惯演化出来的。

剪嘴鸥喜欢在海岸、岛屿、河湖附近活动，以靠近水面的小鱼和虾蟹等甲壳类动物为食。在进食之前，剪嘴鸥会贴近水面，以每秒10米左右的速度飞行，边飞边把较长的下喙深入水下。随着身体前行，剪嘴鸥的下喙也像犁地的犁铧一样不断向前推动水流，一旦碰到食物就会立即和上喙合并，把美味送入口中。

给孩子带鲜鱼的北极海鹦

大多数以鱼为食的鸟类，都会将反流出来的食物喂给后代。但北极海鹦却坚持用鲜鱼喂养后代。

北极海鹦体长26～38厘米，体重约490克，是鸻形目海雀科海鹦属的鸟类。虽然名字里有“北极”二字，但北极海鹦的分布区域却并非在真正的北极冰原。北欧的冰岛、挪威、丹麦，西欧的英国、爱尔兰，北美的格陵兰岛、加拿大、美国，都有它们的身影。

从形象上说，北极海鹦有点儿像企鹅和鹦鹉的结合体：身上黑白相间的羽毛以及看上去胖乎乎的体形和企鹅有几分相似；嘴巴的形状像鹦鹉，且雄性北极海鹦喙的前半部分在求偶季节会由灰色变成橘红色。

北极海鹦的羽毛很厚，并且能分泌油脂，这使得它们可以潜入50米深的水下寻找食物，而不用担心羽毛会被弄湿。北极海鹦的食物主要为各种小型鱼类，也会搭配虾蟹和蠕虫。北极海鹦另一个神奇的地方是舌头上有沟槽，可以把鱼卡在靠近喉咙的位置，从而把鲜鱼带给雏鸟。科学观察发现，北极海鹦一次最多可带回62条小鱼。

cí xìng bǐ xióng xìng piào liang de cǎi yù
雌性比雄性漂亮的彩鹬

xióng xìng kǒng què néng kāi píng gōng jī yǒu huǒ hóng de dà guān zi
雄性孔雀能开屏，公鸡有火红的大冠子……
wǒ men shú xi de niǎo lèi zhōng hěn duō dōu shì xióng xìng bǐ cí xìng měi lì
我们熟悉的鸟类中，很多都是雄性比雌性美丽，
cǎi yù què bù zǒu xún cháng lù
彩鹬却不走寻常路。

cǎi yù shì héng xíng mù cǎi yù kē cǎi yù shǔ de niǎo lèi tǐ cháng
彩鹬是鸻形目彩鹬科彩鹬属的鸟类，体长
yuē lí mǐ zhǔ yào qī xī zài fēi zhōu nán yà hé dōng nán yà děng
约25厘米，主要栖息在非洲、南亚和东南亚等
rè dài jí yà rè dài dì qū zhōng guó nán fāng yě yǒu shǎo liàng fēn bù
热带及亚热带地区，中国南方也有少量分布。

cǎi yù xǐ huan zài zhǎo zé chí táng lú wěi cóng hé tān děng jìn shuǐ
彩鹬喜欢在沼泽、池塘、芦苇丛、河滩等近水

de dì fang huó dòng hūn sù tōng chī xiā xiè kūn chóng luó shuǐ
的地方活动；荤素通吃，虾蟹、昆虫、螺、水

qiū yǐn děng xiǎo xíng wú jǐ zhuī dòng wù hé zhí wù de nèn yá yè zi
蚯蚓等小型无脊椎动物和植物的嫩芽、叶子、

zhǒng zi yǐ jí gǔ wù dōu zài tā men de shí pǔ zhōng
种子，以及谷物都在它们的食谱中。

jiào cǎi yù zhè ge míng zi shì yóu yú qí cí xìng yōng yǒu
叫“彩鹬”这个名字，是由于其雌性拥有

piào liang de wài biǎo cí xìng cǎi yù de huì de yǔ máo yán sè fēi cháng
漂亮的外表。雌性彩鹬的喙的羽毛颜色非常

fēng fù dài yǒu tiáo wén de hè sè tóu bù lì sè de bó zi hé xiōng
丰富，带有条纹的褐色头部，栗色的脖子和胸

táng tóng lǜ sè de chì bǎng jiān bǎng dào fù bù yǒu liǎng tiáo bái sè jiān
膛，铜绿色的翅膀，肩膀到腹部有两条白色肩

dài jiù lián niǎo huì dōu shì xiān yàn de chéng sè xiāng bǐ zhī xià xióng
带，就连鸟喙都是鲜艳的橙色。相比之下，雄

xìng cǎi yù chú le jiān dài shì huáng sè de qí tā dì fang de yǔ máo dōu
性彩鹬除了肩带是黄色的，其他地方的羽毛都

shì àn dàn de huī hè sè jiù lián niǎo huì dōu huī bù liū qiū de
是暗淡的灰褐色，就连鸟喙都灰不溜秋的。

cí xìng cǎi yù de dì wèi yě gèng gāo tā men bù jǐn kě yǐ hé duō
雌性彩鹬的地位也更高，它们不仅可以和多

zhī xióng xìng hūn pèi chǎn dàn hòu yě kě yǐ lì jí fàng fēi zì wǒ
只雄性婚配，产蛋后也可以立即“放飞自我”，

bǎ fū huà niǎo dàn hé zhào gù chú niǎo de rèn wu jiāo gěi xióng xìng
把孵化鸟蛋和照顾雏鸟的任务交给雄性。

小身躯却有大脚趾的长脚雉鸻

为适应所处的环境，鸟类的身体出现了不同程度的变化，其中一些把脚趾变得很长，让自己拥有一双大脚，长脚雉鸻就是如此。

长脚雉鸻也叫非洲水雉，是鸻形目水雉科非洲水雉属的鸟类。由此可知，这是一种生活在非洲的水鸟，主要栖息于撒哈拉沙漠以南的部分地区。长脚雉鸻体长30厘米左右，脚趾却有大约20厘米长，如果按照身体比例来看，算得上是脚趾最长的鸟。

如此长的脚趾和身体相比，虽然看上去有些不协调，但对于长脚雉鸻的生活却至关重要。长脚雉鸻喜欢在水较浅的湖泊、沼

泽、河流等地方活动。这些地方通常漂浮着睡莲、大薸等水生植物。长脚雉鸻的大脚踩上去后，可以最大限度分散压力，保证身体不会陷下去。

长脚雉鸻的腿也很长。虽然腿长脚长，但长脚雉鸻只要一有机会就会选择更容易的觅食方式，有时是站在河马背上，让后者驮着自己找吃的；有时则会跟在大象身后，捕捉因后者踩踏地面而惊吓出来的无脊椎动物。

跨越两极的旅行家——北极燕鸥

每年迁徙飞行距离最长的是北极燕鸥。

北极燕鸥是鸻形目鸥科燕鸥属的鸟类，体长33～39厘米，是中等体形的海鸟，喜欢在海岸、沼泽、岛屿等地方活动，以鱼、虾蟹、软体动物为食。

虽然名字里有“北极”，但北极燕鸥可不像北极熊那样是北极特有物种。身为迁徙性鸟类，北极严格说起来只是它们的出生地。为避开冬季的严寒，每年8月，成群的北极燕鸥就会启程飞往南方越冬。北极燕鸥所去的南方，可不是某个地区的南方，而是世界的最南端——南极（到达时南半球就是夏天了）。从跟北极熊

zuò bàn dào qù zhǎo qǐ é wán zhè zhǒng kuà yuè liǎng jí de lǚ chéng kě shì
做伴到去找企鹅玩，这种跨越两极的旅程可是

gè jí dù xiāo hào tǐ lì de huór wèi bǎo zhèng lǚ tú qī jiān de tǐ
个极度消耗体力的活儿。为保证旅途期间的体

néng běi jí yàn ōu bìng bú huì yán zhí xiàn fēi xíng ér shì jǐn kě néng tú
能，北极燕鸥并不会沿直线飞行，而是尽可能途

jīng shí wù chōng zú de dì fang dàn zhè yàng wú yí jìn yí bù zēng jiā le
经食物充足的地方，但这样无疑进一步增加了

fēi xíng jù lí gēn jù cè suàn běi jí yàn ōu měi nián de píng jūn qiān xǐ
飞行距离。根据测算，北极燕鸥每年的平均迁徙

jù lí dà yuē yǒu wàn qiān mǐ bāo kuò fǎn huí de lù chéng
距离大约有9万千米（包括返回的路程）。

分布最广的水鸟——红嘴巨鸥

红嘴巨鸥体长47～55厘米，体重600克，是一种大型水鸟，属于鸻形目鸥科巨鸥属，因鲜红色的鸟喙而得名。

红嘴巨鸥活动的“地盘”非常大，亚洲、欧洲、非洲、北美洲、大洋洲都有分布，是鸥科鸟类中分布最广的。在中国，东北的辽东半岛，西北的新疆，南方的江苏、海南、广东等地都有红嘴巨鸥的身影。

红嘴巨鸥主要栖息在海滩、泥地、岛屿、沿海沼泽等近海环境，有时也在江河、湖泊等淡水环境中生存。能适应如此多的生境，红嘴巨鸥的生存能力自然异常强悍：长14～18厘

mǐ de huì shì bǔ yú lì qì jiào kuài de qián shuǐ hé yóu yǒng sù dù yǒu zhù
米的喙是捕鱼利器，较快的潜水和游泳速度有助
yú zhuī zhú yú qún jiào dà de tǐ xíng gèng shì ràng tā men yǒu néng lì qiǎng
于追逐鱼群，较大的体形更是让它们有能力抢
duó qí tā hǎi niǎo de shí wù hóng zuǐ jù ōu bǎo chí zhǒng qún fán shèng
夺其他海鸟的食物。红嘴巨鸥保持种群繁盛
de lìng yí gè běn shi shì chāo qiáng de fán yù néng lì cí xìng hóng zuǐ jù
的另一个本事是超强的繁育能力。雌性红嘴巨
ōu píng jūn yí cì kě chǎn méi luǎn dàn dà yuē gè xīng qī jiù
鸥平均一次可产3枚卵（蛋），大约3个星期就
néng fū huà xīn shēng de xiǎo hóng zuǐ jù ōu tóng yàng shēng cún néng lì chāo
能孵化。新生的小红嘴巨鸥同样生存能力超
qiáng gè yuè zuǒ yòu jiù néng fēi le
强，1个月左右就能飞了。

tǔ kǒu shuǐ de zéi ōu

吐口水的贼鸥

zéi ōu shì héng xíng mù zéi ōu kē zéi ōu shǔ de niǎo píng jūn tǐ
贼鸥是鸻形目贼鸥科贼鸥属的鸟，平均体
cháng lí mǐ bǐ hǎi ōu qiáng zhuàng quán shì jiè gòng yǒu zhǒng
长60厘米，比海鸥强壮，全世界共有7种，
wǒ guó yǒu zhǒng zhǔ yào shēng huó zài guǎng dōng jiāng sū děng nán fāng yán
我国有4种，主要生活在广东、江苏等南方沿
hǎi dì qū shān xī hēi lóng jiāng děng běi fāng nèi lù dì qū yě yǒu fēn
海地区，山西、黑龙江等北方内陆地区也有分
bù zéi ōu xià jì zài nán běi liǎng jí de tái yuán shàng fán zhí dōng tiān
布。贼鸥夏季在南北两极的苔原上繁殖，冬天

zé dào wēn nuǎn dì qū yuè dōng
则到温暖地区越冬。

zéi ōu shì ròu shí xìng niǎo lèi yú xiā qǐ é děng niǎo lèi de yòu
贼鸥是肉食性鸟类，鱼虾、企鹅等鸟类的幼
niǎo niǎo dàn yǐ jí shòu lèi de shī tǐ dōu zài tā men de shí pǔ zhōng
鸟、鸟蛋，以及兽类的尸体都在它们的食谱中，
zéi ōu yǒu shí hái huì qù tōu rén lèi de shí wù zhè yě shì tā men dé míng
贼鸥有时还会去偷人类的食物，这也是它们得名
de yuán yīn
的原因。

chú le tōu zéi ōu hái xǐ huan míng qiǎng jīng cháng píng jiè tǐ xíng
除了偷，贼鸥还喜欢明抢，经常凭借体形
shàng de yōu shì cóng qí tā niǎo lèi kǒu zhōng duó shí ér qiě tā men cóng bù
上的优势从其他鸟类口中夺食。而且它们从不
zhù cháo kàn dào nǎ ge tǐ xíng bǐ zì jǐ xiǎo de niǎo de cháo xué hǎo jiù
筑巢，看到哪个体形比自己小的鸟的巢穴好，就
zhí jiē zhàn wéi jǐ yǒu
直接占为己有。

zéi ōu xǐ huan tōu dào què tǎo yàn bèi tōu dào dāng qí tā dòng wù
贼鸥喜欢偷盗，却讨厌被偷盗。当其他动物
huò rén lèi kào jìn tā men de cháo xué shí zéi ōu shǒu xiān huì dà shēng míng
或人类靠近它们的巢穴时，贼鸥首先会大声鸣
jiào shì wēi rú guǒ shí zài bù xíng jiù shǐ chū sā shǒu jiǎn yào me tǔ kǒu
叫示威，如果实在不行就使出撒手锏，要么吐口
shuǐ yào me fēi dào duì fāng tóu shàng pái xiè zhí dào bǎ rù qīn zhě gǎn
水，要么飞到对方头上排泄，直到把入侵者赶
zǒu cái bà xiū
走才罢休。

“长鳞片”的绿孔雀

2020年3月，中国云南省昆明市中级人民法院责令停止云南玉溪最大水电站的建设，以此来保护绿孔雀的栖息地。

绿孔雀是鸡形目雉科孔雀属的两种鸟类之一，成年后体长1.8～2.3米，是唯一在我国有野生种群分布的孔雀，栖息于云南省。国外种群生活在东南亚。

绿孔雀的羽毛以金翠绿色为主，颈部的羽

毛成鳞片状；头顶上的羽冠成簇状高高挺立。雄性绿孔雀拥有1米长的“尾上覆羽”（覆盖住尾羽的羽毛，和背部的羽毛相连），展开后成屏风状；雌性绿孔雀尾上覆羽较短，没有尾屏。

绿孔雀以小群为单位生活，通常为1只雄性和几只雌性的配置。成年个体喜欢在林木稀疏的河谷地带活动，在河边寻找小昆虫以及植物的花、果、种子为食。养育雏鸟的巢穴则搭建在有高大乔木做掩护的地方或灌木丛中。

雄性绿孔雀脾气暴躁，会毫不犹豫地驱赶毒蛇等入侵领地的不速之客，坚硬的喙和钉子一样的爪子是它们自卫的有力武器。到了晚上，受到夜视力有限的影响，为防止天敌偷袭，绿孔雀会飞到树梢上休息。

“呆鸡”——黄腹角雉

黄腹角雉是鸡形目雉科角雉属的鸟类，平均体长约57厘米，体重约1.5千克，身体形态和家鸡有几分相似；分布在浙江、福建、湖南、江西、广东、广西等南方地区，喜欢在亚热带林地、常绿阔叶林和常绿针阔混交林中活动；爱吃果实、嫩芽等植物性食品，会适量捕捉昆虫来补充蛋白质。

黄腹角雉的名字来源于雄性黄腹角雉。“角”指代雄性黄腹角雉头顶两侧呈角状的肉质突起；“黄腹”则是羽毛呈黄色的腹部。雄性黄腹角雉喉颈部还长有红蓝相间的“肉裾”，“肉裾”会在求偶时变鼓，和头顶上变得挺立、像天线一样的角一起成为吸引雌性的“资本”。

和其他鸡形目鸟类一样，黄腹角雉不善于飞行，每次起飞前都需要像飞机助跑一样奔走一段距离。在听到异常响动的时候，黄腹角雉并不会马上逃跑，而是先东张西望，这往往导致它们错过最佳逃跑时间。一旦发现来不及逃跑，黄腹角雉就干脆把头埋进草丛里，如此“憨傻”的行为让它们有了“呆鸡”的外号。

缩小版的孔雀——孔雀雉

很多人都知道孔雀会开屏，其实会开屏的鸟远不止孔雀一种，孔雀雉就是会开屏的鸟类之一。

孔雀雉和孔雀一样属于鸡形目雉科，共有8种，体长50～76厘米，因形象很像缩小版的孔雀而得名。孔雀雉喜欢在海拔1500米以下、丘陵区域的林地中活动，以昆虫、蠕虫等无脊椎动物，以及植物的根茎、叶子、果实、种子为食；主要栖息在以中南半岛为中心的东南亚地区，东亚和南亚也有分布。在我国主要分布在云南和海南，其中海南孔雀雉是海南岛的特有鸟类。

孔雀雉不仅在形象和饮食方面很像孔雀，就连某些生活方式都非常像。和雄性孔雀一样，雄性孔雀雉在求偶期也会通过开屏的方式来吸引雌性孔雀雉的注意。只不过孔雀雉的尾巴上的覆羽较短，无法盖住真正的尾羽，所以它们支棱起来的是尾巴上的羽毛。

ràng shī xiān zhǔ dòng fù shī de bái xián
让"诗仙"主动赋诗的白鹇

zài wǒ guó de zhòng duō niǎo lèi zhōng bái xián yǐ dàn yǎ de yǔ
在我国的众多鸟类中，白鹇以淡雅的羽
sè ān jìng de xìng gé yíng dé le gǔ dài wén rén mò kè de qīng lài
色、安静的性格赢得了古代文人墨客的青睐，
jiù lián shī xiān lǐ bái dōu zhǔ dòng wèi qí fù shī
就连"诗仙"李白都主动为其赋诗。

cóng dà fàn wéi shàng shuō bái xián shì yì zhǒng zhì jī fēn
从大范围上说，白鹇是一种雉鸡，分
lèi shàng shǔ yú jī xíng mù zhì kē xián shǔ yīn xióng niǎo bèi bù wěi
类上属于鸡形目雉科鹇属，因雄鸟背部、尾
bù chì bǎng shēn tǐ liǎng cè shàng bàn bù fen chéng bái sè ér dé
部、翅膀、身体两侧上半部分呈白色而得
míng bái xián qī xī yú wǒ guó xī nán dōng nán yǐ jí dōng nán yà
名。白鹇栖息于我国西南、东南，以及东南亚

的森林、竹林、灌丛中，以贴近地面的植物为主食，爱吃花、叶子、嫩芽、种子和果实，偶尔捕食小型无脊椎动物补充蛋白质。

白鹇是群居鸟类，通常由一只雄性首领带着若干只雌鸟和幼鸟一起生活。白天它们会在领地内安静地觅食、整理羽毛，到了夜晚则相互鸣叫，提醒同伴到相对安全的树上休息。

白鹇大多数时间性格温和，和同类甚至其他没有威胁的动物都能和平相处。但到了春季求偶繁殖的时候，却变得异常暴躁。首领会毫不犹豫地驱赶其他雄性白鹇，雌鸟也会对同性同胞展开攻击。经过一番格斗，雄鸟中会选出首领，而雌鸟之间也会按照武力值排定顺序。

bù yǎng wá de zhǒng zhì

“不养娃”的冢雉

zhǒng zhì shì jī xíng mù zhǒng zhì kē yuē zhǒng niǎo lèi de tǒng chēng

冢雉是鸡形目冢雉科约20种鸟类的统称，

tā men fēn bù yú dōng nán yà hé dà yáng zhōu dì qū shēn tǐ xíng tài hé

它们分布于东南亚和大洋洲地区，身体形态和

jī yǒu jǐ fēn xiāng sì yǐ zhí wù wéi zhǔ shí

鸡有几分相似，以植物为主食。

zhǒng zhì kē niǎo lèi de yí dà tè diǎn shì chú niǎo méi jiàn guò fù mǔ

冢雉科鸟类的一大特点是雏鸟没见过父母，

zhè hé tā men fèng xíng sǎn yǎng cè lüè yǒu guān hé qí tā niǎo lèi tōng

这和它们奉行“散养”策略有关。和其他鸟类通

guò pā wō de fāng shì kào tǐ wēn fū huà hòu dài bìng qiě zài chú niǎo chū shēng

过趴窝的方式靠体温孵化后代，并且在雏鸟出生

hòu yī jiù huì jīng xīn zhào gù chú niǎo bù tóng zhǒng zhì jiā zú de chéng niǎo

后依旧会精心照顾雏鸟不同，冢雉家族的成鸟

cóng bú wèi yǎng chú niǎo shèn zhì dōu bú huì shēn tǐ lì xíng qù fū dàn tā

从不喂养雏鸟，甚至都不会身体力行去孵蛋，它

men xǐ huan jiè zhù tiān rán cái liào wán chéng fū huà dāng fū huà wēn dù zài

们喜欢借助天然材料完成孵化。当孵化温度在

shè shì dù zuǒ yòu shí chú niǎo de cí xióng bǐ lì xiāng dāng wēn dù

34摄氏度左右时，雏鸟的雌雄比例相当，温度

gāo yì xiē zé cí niǎo duō wēn dù dī yì xiē jiù xióng niǎo duō

高一些则雌鸟多，温度低一些就雄鸟多。

zhè ge bú fù zé rèn de jiā zú zhōng yě yǒu xiāng duì yǒu zé

这个“不负责任”的家族中也有相对有责

rèn gǎn de yǎn bān zhǒng zhì de xióng niǎo zài dāng bà ba qián jiù huì tí qián
任感的。眼斑冢雉的雄鸟在当爸爸前就会提前
wā hǎo kēng bìng zài kēng lǐ tián mǎn zhī yè yǔ jì lái lín shí yǔ
挖好坑，并在坑里填满枝叶。雨季来临时，雨
shuǐ chí xù liú rù kēng zhōng bǎ zhī yè jìn pào dào fǔ bài fā jiào de chéng
水持续流入坑中，把枝叶浸泡到腐败发酵的程
dù cǐ shí rè liàng jiù chǎn shēng le zhǔn mā ma jiù kě yǐ bǎ dàn chǎn
度，此时热量就产生了，准妈妈就可以把蛋产
zài zhè ge rè hū hū de kēng lǐ cí niǎo chǎn dàn hòu xióng niǎo hái huì
在这个热乎乎的坑里。雌鸟产蛋后，雄鸟还会
shí bù shí de yòng zuǐ shì shi kēng zhōng de wēn dù cóng ér jí shí zēng jiǎn
时不时地用嘴试试坑中的温度，从而及时增减
lǐ miàn de zhī yè
里面的枝叶。

自带“气囊”的艾草松鸡

健美比赛中，选手会通过鼓起胸部的方式向评委和观众展示自己的肌肉。鸟类中的艾草松鸡在求偶期同样会用此法来吸引异性。

艾草松鸡是鸡形目雉科的鸟类，雄鸟体长在70厘米以上，雌鸟较小，大约50厘米长；主要栖息于美国西部和加拿大的林地、灌丛、草丛中，是北美地区最大的松鸡。

艾草松鸡是典型的雌雄两态鸟类。雌鸟羽毛暗淡，外表平淡无奇。雄鸟则拥有像针刺一样向上挺立的尾羽，展开后如同一扇屏风。

或许是觉得光有尾屏还不足以吸引雌鸟，不利于家族的繁衍，雄性艾草松鸡的胸部还长出了“气囊”。在求偶期，雄性艾草松鸡会屏住呼吸，用力鼓起平时掩藏在羽毛下的气囊，让其看起来像两个膨胀的皮球，并通过抖动胸肌的方式，让气囊呈现不同的形状。与此同时，它们还会向下缩头，让头部对胸部造成挤压，带动气囊发出“叮咚”声。雄性艾草松鸡气囊鼓起得越大，呈现的造型越多，越能吸引雌性。

“荤素通吃”的鹰——黑耳鸢

提到猛禽，很多人或许会条件反射地想到老鹰，平时所说的老鹰在生物学上可以泛指鹰形目鹰科的鸟类，大约有250种。在这一众猛禽中，黑耳鸢显得尤为特殊。

黑耳鸢是鹰形目鹰科鸢属的鸟类，是黑鸢的一个亚种。成年黑耳鸢体长54～69厘米，体重900～1150克，翼展150厘米，在鹰家族中属

yú zhōng děng tǐ xíng suī rán gè tóur bú suàn xiǎo dàn hēi ěr yuān de
于中等体形。虽然个头儿不算小，但黑耳鸢的
zhàn dòu lì què bìng bù qiáng hàn jīng cháng bèi hù zǎi de mǔ jī dǎ de luò
战斗力却并不强悍，经常被护崽的母鸡打得落
huāng ér táo zhè zhǔ yào hái shi wǔ qì zhuāng bèi de wèn tí
荒而逃。这主要还是“武器装备”的问题，
xiāng bǐ yú tǐ xíng chà bu duō de cāng yīng hēi ěr yuān de huì bú gòu jiān
相比于体形差不多的苍鹰，黑耳鸢的喙不够坚
yìng ruì lì zhuǎ zi yě bǐ jiào xì xiǎo shā shāng lì zì rán dà dǎ zhé
硬锐利，爪子也比较细小，杀伤力自然大打折
kòu yù dào tǐ xíng gòu dà qiě fǎn kàng jī liè de duì shǒu zì rán hěn nán
扣。遇到体形够大且反抗激烈的对手，自然很难
zhàn dào shàng fēng
占到上风。

suī rán gé dòu jì néng bù xíng hēi ěr yuān de shēng cún néng lì què
虽然格斗技能不行，黑耳鸢的生存能力却
fēi cháng liǎo dé dōng yà nán yà dōng nán yà xī yà hé xī bó
非常了得。东亚、南亚、东南亚、西亚和西伯
lì yà dì qū dōu yǒu tā men de shēn yǐng tā men yě shì zhōng guó fēn
利亚地区都有它们的身影；它们也是中国分
bù zuì guǎng shù liàng zuì duō de yīng hēi ěr yuān chú le yú
布最广、数量最多的“鹰”。黑耳鸢除了鱼、
niǎo bǔ rǔ dòng wù xī yì shé kūn chóng děng gè zhǒng ròu shí
鸟、哺乳动物、蜥蜴、蛇、昆虫等各种肉食，
tā men hái huì zhǎo xún miàn bāo xiè huò zǎo lái chī shì měng qín lǐ shǎo jiàn
它们还会找寻面包屑或枣来吃，是猛禽里少见
de zá shí zhě
的杂食者。

最大捕食性猛禽——虎头海雕

如果以获取食物的主要方式进行划分，鹰形目猛禽可分为捕食性和食腐性两类。前者喜欢主动出击降服猎物，这其中最彪悍的就是虎头海雕。

虎头海雕体长约1米，体重7千克左右，是

现存体形最大的捕食性猛禽，生物分类属于鹰形目鹰科海雕属。虎头海雕因头部酷似虎斑的纵纹而得名，主要栖息在东北亚地区，中国、俄罗斯、日本、朝鲜和韩国都有分布。

虎头海雕主要在海岸、河口、湖泊活动。它们的食谱非常丰富，最主要的食物是鱼，尤其喜欢吃鲑鱼和鳟鱼，有时也换换口味，吃雁鸭、海鸥、天鹅等水鸟和野兔、鼠、狐狸等中小型哺乳动物，以及海狮、海豹的幼崽。

块头大、力量足的虎头海雕不仅可以捕杀多种动物，进食速度也非常了得。凭借坚硬的钩状大嘴，它们可以轻松剥掉猎物的鱼鳞、羽毛、皮毛，甚至连卸骨也不在话下。在一些猛禽集中的地方，虎头海雕总是能凭借体形和进食速度的优势抢夺到优质食物。

shàn yú yòng huǒ de xiào yuān

善于"用火"的啸鸢

bù shǎo niǎo lèi dōu huì shǐ yòng gōng jù wèi zì jǐ de shēng huó tí
不少鸟类都会使用工具，为自己的生活提
gōng biàn lì zài ào dà lì yà yǒu jǐ zhǒng niǎo zài fāng biàn zì jǐ de
供便利。在澳大利亚，有几种鸟在方便自己的
tóng shí què ràng dāng dì xiāo fáng bù mén yì cháng kǔ nǎo zhè qí zhōng jiù
同时却让当地消防部门异常苦恼，这其中就
bāo kuò xiào yuān
包括啸鸢。

xiào yuān tǐ cháng lí mǐ shì zhōng děng tǐ xíng de měng
啸鸢体长52～59厘米，是中等体形的猛

qín lái zì yīng jiā zú qī xī yú ào dà lì yà hé tài píng yáng de
禽，来自鹰家族，栖息于澳大利亚和太平洋的
yì xiē dǎo yǔ shàng yì xiē jìn shuǐ de dì fang hé nèi lù dì qū yě yǒu tā
一些岛屿上，一些近水的地方和内陆地区也有它
men de zōng jì
们的踪迹。

hé dà duō shù měng qín yí yàng xiào yuān yě wú ròu bù huān
和大多数猛禽一样，啸鸢也无肉不欢，
yú liǎng qī dòng wù pá xíng dòng wù niǎo lèi bǔ rǔ dòng wù
鱼、两栖动物、爬行动物、鸟类、哺乳动物、
kūn chóng fán shì néng gǎo dìng de tā men dōu huì shè fǎ cháng chang
昆虫，凡是能搞定的，它们都会设法尝尝。

jiù xiàng wū yā huì lì yòng shí tou hē shuǐ yí yàng xiào yuān yě
就像乌鸦会利用石头喝水一样，啸鸢也
xiǎng dào le yì zhǒng qiǎo miào de huò qǔ shí wù de fāng shì
想到了一种“巧妙”的获取食物的方式——
zòng huǒ yǒu dòng wù xué jiā guān chá fā xiàn měi dāng yǒu sēn lín qǐ
纵火。有动物学家观察发现，每当有森林起
huǒ shí shēng huó zài fù jìn de xiào yuān jiù huì chèn jī diāo qǐ yì xiē
火时，生活在附近的啸鸢就会趁机叼起一些
gāng kāi shǐ rán shāo de mù tou kuài sù rēng dào yuán běn méi yǒu huǒ de
刚开始燃烧的木头，快速扔到原本没有火的
dì fang suí zhe bú duàn bān yùn huǒ zhǒng huǒ shì màn yán de fàn wéi yuè
地方。随着不断搬运火种，火势蔓延的范围越
lái yuè dà gèng duō yǐn cáng de dòng wù bù dé bù táo chū mì lín
来越大，更多隐藏的动物不得不逃出密林，
xiào yuān bǔ liè yě jiù fāng biàn le xǔ duō rú guǒ yǒu dǎo méi dàn
啸鸢捕猎也就方便了许多。如果有“倒霉蛋”
bèi shāo sǐ le tā men hái néng pǐn cháng dào miǎn fèi de shāo kǎo
被烧死了，它们还能品尝到免费的烧烤。

福寿螺克星——食螺鸢

在我国和亚洲其他地区，福寿螺已经成了严重威胁当地生态的入侵物种。但在福寿螺的老家南美洲，它们却“猖獗”不起来，只因为这里有一种名叫“食螺鸢”的猛禽。

食螺鸢是鹰形目鹰科食螺鸢属的鸟类，体长45厘米左右，栖息于美国东南、中美洲及南美洲，喜欢在淡水沼泽区域活动。

食螺鸢是罕见的以软体动物为食的猛禽，而且几乎只吃福寿螺。福寿螺和我们常见的蜗牛同属腹足纲软体动物，但生活在水中（蜗牛是陆生的），体形更大。由于英语中代表蜗牛的单词也可以指代整个腹足纲的动物，所以福寿螺也被俗称为“水蜗牛”（不是生物学概念的水蜗牛）。由此类推，食螺鸢也叫蜗鸢。

能吃到蜷缩在壳里的螺肉，食螺鸢凭借的是长而弯曲、像钩子一样的喙。在进食之前，它们会首先撕扯掉福寿螺的保护膜，然后把喙深入壳内钩出螺肉。一只食螺鸢一天就能吃掉几十只福寿螺。在食物短缺的时候，食螺鸢也会抓小乌龟来充饥。

能捏碎龟壳的角雕

大多数猛禽的爪子虽足够锋利，握力却稍显不足，它们在捕捉有硬壳护体的龟鳖类时只能先将猎物带到空中再扔下，无形中增加了进食的时间，但生活在南美洲的角雕却无须这么麻烦。

角雕也叫美洲角雕，是美洲特有鸟类，分

类上属于鹰形目鹰科角雕属，体长85～105厘米，栖息在海拔较低的热带雨林中，以鸟类、爬行类、各种树栖哺乳动物为食，尤其爱吃树懒。

不同于大多数猛禽的爪子只有抓和刺的功能，角雕的爪子还可以捏。角雕拥有6厘米长的钩状爪子，而且非常粗大，又长又粗的爪子在强劲的腿脚肌肉带动下所产生的抓握力是鸟类中最强的。凭借如此强悍的利爪，角雕可以轻松捏碎哺乳动物的头骨以及龟类的硬壳。

角雕头脸部羽毛较多，这些羽毛在必要时可以向两侧展开，让脸变得更宽，有助于更好地听到声音（类似人把手张开放在耳边）。由于羽毛的效果，角雕从正面看有点儿像猫头鹰（脸比较方）。

速度之王——游隼

猎豹凭借每小时110千米的奔跑速度，当仁不让地成了兽类里的短跑冠军，但若跟鸟类中的速度冠军游隼比，猎豹恐怕就要秒变乌龟了。

游隼是鹰形目隼科隼属下的一种猛禽，体长34～60厘米，雌性明显大于雄性。游隼踪迹几乎遍布除南北两极外的所有区域，可细分为18个亚种，我国有4个亚种，在全国几乎都有分布。游隼能适应山地、丘陵、草原、荒漠、半荒漠、湿地等多种不同的生境。

就像大熊猫几乎只吃竹子一样，游隼也有特定的饮食偏好，在它们的食谱中，鸟类占比达到98%左右，包括鸡、鸭、鸽子、麻雀在内的众多

中小型鸟类，甚至大型鸟类的幼鸟也在它们的食谱中，体形较小的鹰或猫头鹰（在夜晚游隼会被猫头鹰反杀）有时也会遭到它们的“毒手”。

能以飞鸟为主食，游隼凭借的当然是比前者更快的速度。在发现猎物后，游隼会以平均每小时320（最高389）千米的速度高速冲过去，用带有齿突的喙（隼形目喜欢用喙猎杀）和钩子般的爪子同时展开攻击。因为速度过快，游隼很多时候都是在空中完成猎杀的。

摔死猎物的金雕

金雕是鹰形目鹰科雕属（也叫真雕属）的猛禽，体长在1米左右，成年雌性体重超过5千克（鹰形目普遍雌大于雄），翼展可达2米。其踪迹遍布亚欧大陆和北美洲，非洲北部也能看到，是我国分布最广的大型猛禽，栖息于除华南沿海外的所有地区。金雕通常在山崖上筑巢，高原、山地、丘陵是它们的主要活动场所。

除了锐利的喙，金雕的爪子也非常给力。它们脚上最内侧的指头和朝后的指头非常粗壮，拥有长度5厘米以上的弯钩状大爪子。如此强悍的爪子再加上因为大体形而带来的力量优势，金雕能制服的猎物自然也很多，鼠类、兔类、鸟

类、中小型有蹄动物，甚至小型食肉动物全在它们的食谱中。

对于不同的猎物，金雕会采用不同的捕猎方法，老鼠、野兔、野鸡就直接抓走；如果是拥有外壳保护的乌龟，或者山羊这类体形较大的，那就抓起飞到空中再扔下去，把猎物活活摔死。

不秃的秃鹫

“秃”字在现代汉语中有“（鸟兽头或尾）没有毛”的含义，但有一种名字里带“秃”的鸟，可一点儿也不秃，这就是秃鹫。

秃鹫是鹰形目鹰科秃鹫属的鸟类，体长108～120厘米，拥有一身黑褐色的羽毛，因为头颈部羽毛短而且颜色浅，脑袋显得光秃秃的。秃鹫在非洲西北部、欧洲南部、中亚、南亚、东亚、东南亚等地区都有分布，我国几乎所有省份都能见到，东北、西北、西南地区较为常见。秃鹫适应力很强，丘陵、高山、草地、山谷、林地都是它们喜欢的活动场所。

从体形上说，秃鹫比虎头海雕大，但却无

缘最大捕食性猛禽的称号，这是其饮食习惯造成的。秃鹫体形大，食量也大，但它们的爪子却相对较短、较钝，难以对大型猎物造成有效杀伤，捕杀小型猎物又无济于事（吃不饱）。在这种情况下，秃鹫选择了以猎物的尸体为食。它们具有超强腐蚀性的胃酸足以杀死腐肉中的各种细菌和病毒，从而做到“百毒不侵”。虽然能消化腐肉，但秃鹫也不拒绝鲜肉，它们有时也会捕捉中小型动物。

“秃顶”的兀鹫

兀鹫是鹰形目鹰科兀鹫属鸟类的统称，全世界共有8种。除非洲外，亚洲和欧洲也有分布。草原、荒漠、灌丛、苔原、林地都是它们的活动场所。我国有3种兀鹫，栖息于新疆、西藏、云南等地。

兀鹫家族的成员个个看上去都是“光头”，但严格来说，它们是有“头发”的。兀鹫刚出生时，浑身包括头颈在内都覆盖着短而柔软的毛发，称为“绒羽”。随着年龄的不断增长，其他地方逐渐长出了羽毛，但头颈部却始终保持着绒毛。由于绒毛的颜色接近皮肤颜色，又非常短，所以看上去就跟秃顶一样。

对于兀鹫为何是“秃头”的问题，传统观点认为因为它们是食腐鸟类，需要把头伸进动物体内吃内脏，如果有毛发很容易沾上细菌，影响健康。现在的观点认为，兀鹫头颈部毛发稀少有助于散热。

爱吃骨头的胡兀鹫

和肉相比，坚硬的骨头显然不容易被咀嚼和消化，尤其对于没牙的鸟来说。可有一种鸟却偏偏不走寻常路，不但吃骨头还把骨头当成主食，它就是胡兀鹫。

胡兀鹫是鹰形目鹰科胡兀鹫属的鸟，体长1～1.5米，因嘴角处酷似小胡子的羽毛而得名；从中东地区到印度、欧洲南部、非洲都有它们的踪迹，在我国主要分布于新疆、青海、四川、西藏、甘肃等西部省份。它们喜欢在海拔1000～5000米左右的开阔山地活动，有时也来到7000米以上的高空。

和其他名为鹫的亲戚比，胡兀鹫的头顶覆盖

着浓密的羽毛，是家族中头发最多的成员。除了形象，胡兀鹫的饮食偏好也非常另类。和其他食腐猛禽爱吃尸体上的肉和内脏不同，胡兀鹫酷爱吃骨头，骨头在它们食物中的占比达到90%。与狗、狼、鬣狗等哺乳动物不同，胡兀鹫吃骨头是直接吞的。它们的喉管有70毫米宽，食管也极富弹性，足以顺利咽下中小块的骨头，而不会被卡住或划伤。如果骨头太大，胡兀鹫就将其抓起飞到高空扔下来，摔成较小的块后再食用。

“不爱吃鸟肉”的赤腹鹰

lǎo yīng zhuō xiǎo jī shì hěn duō rén xiǎo shí hou dōu wán guò
“老鹰捉小鸡”是很多人小时候都玩过

de yóu xì xiàn shí zhōng yīng xíng mù yīng kē yīng shǔ de měng qín yě
的游戏。现实中鹰形目鹰科鹰属的猛禽，也

大多喜欢捕食鸟类，但赤腹鹰却是个另类。

赤腹鹰体长26～36厘米，因腹部羽毛呈赤色而得名；生活在东北亚和东南亚地区，以及我国东部的森林、森林和草地的交界处。除较为温暖的华南地区外，其余地方的赤腹鹰会随着季节迁徙，所以它们是候鸟。

赤腹鹰喜欢在近水区域捕猎，爱吃两栖动物和爬行动物以及昆虫，这是它们脚爪的特点决定的。和其他鹰属猛禽相比，赤腹鹰的爪子又短又钝，很难穿透羽毛抓住鸟的身体，较小的体形又不足以对大多数鸟形成力量压制。与其费劲地去抓鸟，还不如盯准那些更容易对付的目标。

脚趾可以移动的鹗

猛禽普遍拥有4个指头，而且都是3个向前、1个向后的配置。但这只是猛禽的常态，捕猎时会出现特例，鹗就是这个特例。

鹗是鹰形目鹗科鹗属下唯一的成员，体长约55厘米。鹗分布范围很广，除南极洲外的六大洲都有它们的身影；我国大部分地区都能见到它们的身影。鹗喜欢在湖泊、河流、海岸上空盘旋，尤其喜欢有树林的水域，以鱼为主食，其他小型动物为辅食。

鹗的脚底覆盖着硬棘，锐利的爪子足有棕熊爪子的一半长，这些都有助于它们抓住光滑的鱼。鹗还有一个其他猛禽没有的绝活儿——脚趾可以变换方向。鹗的脚趾在平时是3个向前、1个向后的姿态，但在抓鱼的一刹那，3个向前的脚趾中位于身体最外侧的那个就会向后翻转180度，变成爪尖朝后的状态。这样原本3前1后的爪子配置就变成了2前2后，在捕猎时可以形成两两对握，从而更加牢固地抓住鱼身。

除了足够灵活的脚趾，鹗还拥有防水性较好的羽毛，是唯一能潜入水下抓鱼的猛禽，下潜深度在1米左右。

捕杀猛禽的雕鸮

我国经典文学名著《水浒传》中，李逵在陆地上可以把张顺打得找不着北，在水中却只能任凭张顺摆布。类似这样的“主场优势”在鸟类中同样存在，雕鸮就是其中的典型。

雕鸮是鸮形目（统称猫头鹰）鸱鸮科雕鸮属的鸟类，也是世界上体形最大的猫头鹰之一，体长65～85厘米，体重1500～4500克，雌性略大于雄性；广泛栖息于欧亚大陆和非洲北部；是我国分布最广的大型猫头鹰。

和大多数猫头鹰一样，雕鸮也是个“夜猫子”，受虹膜颜色影响，它们在夜晚的视力要比白天好很多。这导致雕鸮在白天和晚上几乎判若两鸟。在白天，雕鸮被成群的乌鸦和喜鹊骚扰，能躲就躲；而到了晚上，它们却能轻易猎杀游隼、雀鹰这些中小型猛禽，甚至能制服比自己大的雕类（鹰形目和隼形目猛禽夜视力不佳），至于报复性地捣毁喜鹊和乌鸦的巢穴更是轻而易举。

雕鸮的食谱主要由鸟类以及鼠、兔、刺猬等小型哺乳动物组成，有时雕鸮也捕杀赤狐。由于飞行时悄无声息，因此雕鸮的捕猎速度虽然不快，但成功率却极高。

“长后眼”的猫头鹰——领鸺鹠

在印度，一些人进入山林时会在后脑勺上戴个面具，以此来迷惑老虎（有观点认为把后背对着猛兽会激发它们的进攻欲望）。猫头鹰家族的很多成员都会用这种方式迷惑敌人，比如领鸺鹠。

领鸺鹠是鸮形目鸱鸮科鸺鹠属约30种鸟类里

的1种，平均体长约15厘米，是我国境内最小的猫头鹰之一。我国秦岭以南、海南岛、台湾岛是它们的主要栖息地，国外则常见于东南亚和南亚地区。它们喜欢在海拔700～3000米的开阔林地活动。

领鸺鹠后颈部位有酷似衣领的黄色条纹，这是其得名的原因。更神奇的是，这个小家伙后脑的正中位置有个Y字形的黄色条纹，其上两侧各有一块镶着黄边、形状像眼睛的黑斑，总体看上去就像张“假脸”。

由于鸟类普遍喜欢从背后展开攻击，假脸和假眼对于领鸺鹠来说相当于护身符，能有效避免天敌或猎物（领鸺鹠的主食是麻雀等小型鸣禽，它们有时会主动从领鸺鹠后方发起攻击）从身后偷袭自己。

白天活动的猫头鹰——雪鸮

在人们的传统认知中，猫头鹰是夜间活动的鸟。其实，鸮形目鸟类中也有不少喜欢在白天捕食的，例如魔幻文学巨著《哈利·波特》中“海德薇”的原型——雪鸮。

雪鸮是鸮形目鸱鸮科雕鸮属的鸟类，体长50～70厘米，分布于包括北极在内的北半球寒带和温带地区，我国东北和西北在冬天也能看到。雪鸮喜欢在苔原、草原等空旷地区活动，以鼠类、兔类、中小型鸟类为食，最爱吃旅鼠。

雪鸮的名字来源于它们底色为白色的体羽（上面点缀着黑斑点），这种羽色有助于在北极以及其他地方的冰雪环境中隐藏。和很多亲

qi zhǐ zài shēn yè huò huáng hūn bǔ shí bù tóng xuě xiāo zài guāng tiān huà rì
戚只在深夜或黄昏捕食不同，雪鸮在光天化日
zhī xià yě fēi cháng huó yuè xuě xiāo shuāng yǎn de hóng mó chéng huáng sè
之下也非常活跃。雪鸮双眼的虹膜呈黄色
yè jiān hé huáng hūn huó dòng de qīn qi tā men de hóng mó fēn bié wéi
（夜间和黄昏活动的亲戚，它们的虹膜分别为
hēi hè sè hé chéng sè néng shì yìng qiáng ruò bù tóng de guāng xiàn yīn
黑褐色和橙色），能适应强弱不同的光线，因
cǐ tā men wú lùn bái tiān hé hēi yè dōu néng bǔ shí
此它们无论白天和黑夜都能捕食。

叫声“毁形象”的朱鹮

朱鹮是鹮科朱鹮属的鸟类，体长67～79厘米，喜欢在湿地、溪流、滩涂、沼泽等有水但是不深的环境中活动。朱鹮胃口很好，鱼、虾、蟹、蛙类，各种昆虫和无脊椎动物都在其取食范围内。

朱鹮在历史上曾经遍布东亚和俄罗斯，后来因为栖息地被破坏，最少时仅剩下7只野生朱鹮，生活在中国陕西省洋县。经过人工繁育和保护，截至2021年种群数量已经有到7000多只，其中5000多只生活在陕西。

虽然名字里有代表红色的“朱”字，但朱鹮实际上只有面部、翅膀和尾巴下方等少数部位为红色，大部分区域的羽毛平时以白色为主。到了求偶期，朱鹮的头颈和背部会变成灰黑色，这是由其颈部分泌的一种粉末造成的。颜色越深越能吸引异性。

红白配的羽色让朱鹮拥有了美丽的形象，可它们的叫声却非常刺耳，有点儿类似“啊”的声音。但这种刺耳的叫声只是相对于人类而言的，朱鹮听起来却是美妙的音乐。雄性朱鹮在繁殖期会放声高歌来吸引雌性。

嘴巴如口袋的鸟——鹈鹕

如果举行“往嘴里塞东西但不能吞咽”比赛，鹈鹕绝对是夺冠的头号热门选手。

鹈鹕是鹈形目鹈鹕科鹈鹕属的鸟类，共有8种，广泛分布于亚洲、非洲、欧洲、美洲及大洋洲的温带和热带水域，其中3种生活在我国，栖息在长江下游、东南沿海、新疆等地；海岸、江河、湖泊、沼泽等有水且较为宽阔的地方是它们主要的活动场所。它们偶尔也进入密集的红树林和人工池塘，鱼是它们最主要的口粮。

鹈鹕最突出的地方要算是它们巨大的喉囊了，喉囊从下巴一直延伸到脖子的最下方。喉囊的存在使鹈鹕原本细长的嘴巴张开后像个

大口袋。嘴巴的空间大，装的东西自然也多，每次进食的时候，鹈鹕只需把大嘴一张一闭，就可以将大量的鱼虾吃进嘴里。除了吃鱼虾，鹈鹕有时还会吞食鸽子等中小型鸟类。

口袋一样的大嘴虽然可以让鹈鹕一口就吃到很多鱼，但也免不了把水中的泥沙和其他无法下咽的脏东西也吞进去。此时，鹈鹕不得不用力弯曲脖子，通过挤压的方式让喉囊外翻，把异物吐出去。

脑袋最大的鸟——鲸头鹳

鲸头鹳是非洲东部和中部的特有鸟类，也是鹳形目（也有观点认为是鹈形目）鲸头鹳科鲸头鹳属的唯一成员。鲸头鹳是大型鸟类，成鸟体长可达1.5米，重4～7千克，高1.1～1.5米，两个翅膀展开更是达到2.6米宽。

鲸头鹳的头大约占身体的三分之一，是世界上脑袋最大的鸟。长达20厘米的喙位于大脑袋前端，又宽又大，呈两边低中间高的形状，中间有一道脊状突起，总体看上去很像小须鲸的头顶，因此有了“鲸头”之名。也有人认为鲸头鹳嘴巴的形状像欧洲中世纪的木鞋，从而给它取了“靴嘴鹳”这个别名。

鲸头鹳的嘴不仅大，而且非常坚硬，末端呈尖锐的弯钩状。有句俗语叫“嘴大吃八方”，鲸头鹳有了这么一张给力的大嘴，吃东西当然不费力，它们最喜爱的食物是非洲肺鱼和革胡子鲶。大多数时候，鲸头鹳会走进猎物活动的泥地，找到猎物后用嘴快速钳住。有时，它们也会把嘴当锄头用，挖出躲在洞穴里的鱼。除了鱼类，鲸头鹳也吃甲鱼、蛙类、蜥蜴、小型水蛇以及幼年尼罗鳄。

ài chī kūn chóng de niú bèi lù
爱吃昆虫的牛背鹭

shēn wéi shè qín lù kē niǎo lèi pǔ biàn xǐ huan lì yòng liǎng tiáo xì cháng de tuǐ zhàn zài zhǎo zé shī dì děng qiǎn shuǐ qū bǔ yú dàn niú bèi lù què shì gè fēi zhǔ liú

身为涉禽，鹭科鸟类普遍喜欢利用两条细长的腿站在沼泽、湿地等浅水区捕鱼，但牛背鹭却是个“非主流”。

niú bèi lù tǐ cháng lí mǐ shǔ yú zhōng xíng shè qín yīn xǐ huan zhàn zài niú bèi shàng ér dé míng yě zài niú de shēn qián hé shēn hòu huó dòng yóu qí xǐ huan hé shuǐ niú dāi zài yì qǐ chú nán jí

牛背鹭体长47～55厘米，属于中型涉禽，因喜欢站在牛背上而得名，也在牛的身前和身后活动，尤其喜欢和水牛待在一起。除南极

zhōu wài shì jiè gè dà zhōu dōu néng kàn dào tā men de shēn yǐng zài wǒ
洲外，世界各大洲都能看到它们的身影。在我

guó tā men zhǔ yào fēn bù yú huá nán hé xī nán dì qū dōng běi yě néng
国，它们主要分布于华南和西南地区，东北也能

jiàn dào
见到。

niú bèi lù xǐ huan wéi zhe niú zhuàn gēn tā men de yǐn shí xí guàn mì
牛背鹭喜欢围着牛转，跟它们的饮食习惯密

bù kě fēn hé qí tā lù jiā zú de qīn qi ài chī yú bù tóng niú bèi
不可分。和其他鹭家族的亲戚爱吃鱼不同，牛背

lù xǐ huan gè zhǒng tián dì jiān de kūn chóng jīn guī zi huáng chóng xī
鹭喜欢各种田地间的昆虫，金龟子、蝗虫、蟋

shuài zhà měng lóu gū cāng ying wén zi quán dōu zài qí shè shí fàn wéi
蟀、蚱蜢、蝼蛄、苍蝇、蚊子全都在其摄食范围

nèi dāng niú zài tián jiān gēng zuò huò chī cǎo shí yīn tǔ dì bèi fān gēng
内。当牛在田间耕作或吃草时，因土地被翻耕

huò kěn shí ér jīng fēi de kūn chóng jiù chéng le niú bèi lù de měi cān
或啃食而惊飞的昆虫就成了牛背鹭的美餐。

yóu yú cān tīng jiù zài niú de shēn qián hé shēn hòu niú bèi lù
由于“餐厅”就在牛的身前和身后，牛背鹭

suǒ xìng zhàn zài le niú de hòu bèi huò jī jiao shàng zhè yàng zuò bù jǐn kě
索性站在了牛的后背或犄角上。这样做不仅可

yǐ dā biàn chē miǎn qù fēi xíng zhī láo hái néng yòng niú shēn shàng de jì
以搭便车，免去飞行之劳，还能用牛身上的寄

shēng chóng bǔ chōng yíng yǎng huò xǔ shì yīn wèi zǒng dā biàn chē dǎo zhì huó
生虫补充营养。或许是因为总搭便车导致活

dòng liàng xiǎo niú bèi lù míng xiǎn bǐ jiā zú qí tā qīn qi pàng
动量小，牛背鹭明显比家族其他亲戚胖。

叫声像牛的大麻鳽

大麻鳽是一种水鸟，分类上属于鹳形目鹭科麻鳽属。名字中的“大”说明该物种的体形较大，成年大麻鳽体长59～77厘米，身体粗壮，和家鸡差不多，亚洲、非洲、欧洲都有它们的踪迹。大麻鳽能适应山地、丘陵、河流、湖泊、沼泽等多种环境，是迁徙性候鸟。在我国主要在新疆、内蒙古、东北等地繁殖，南方地区越冬。

大麻鳽可以发出类似牛叫的“哞哞”声，这也是它们拉丁文学名的来源。虽然叫声像牛，但大麻鳽并不甘心吃草，而是以包括鱼、虾蟹、贝类、蛙类、水生昆虫在内的各种水生或半水生动物为食。

dà má jiān fēi xíng néng lì bù jiā tōng cháng zhǐ néng màn yōu yōu de
大麻鳽飞行能力不佳，通常只能慢悠悠地
fēi hěn duǎn yí duàn jù lí jiù luò dì zài tīng dào yì cháng xiǎng dòng shí
飞很短一段距离就落地。在听到异常响动时，
dà má jiān tōng cháng huì cǎi yòng yǐn shēn de fāng fǎ lái duǒ bì jù tǐ
大麻鳽通常会采用“隐身”的方法来躲避。具体
zuò fǎ shì zài tǔ huáng sè tǐ sè de yǎn hù xià yí dòng bú dòng de zhàn
做法是在土黄色体色的掩护下，一动不动地站
zài lú wěi huò cǎo cóng zhōng shōu lǒng chì bǎng zuǐ ba hé tóu jǐng dōu cháo
在芦苇或草丛中，收拢翅膀，嘴巴和头颈都朝
xiàng tiān kōng ràng zì jǐ kàn shàng qù shì zhōu wéi huán jìng de yí bù fen
向天空，让自己看上去是周围环境的一部分。

会“钓鱼”的绿鹭

人类钓鱼会使用鱼饵，鸟中的绿鹭同样会用美食吸引猎物。

绿鹭是鹳形目鹭科绿鹭属的鸟类，体长38～48厘米，属于中等体形的涉禽；因颈部和躯干上半部分呈绿色而得名；亚洲、非洲、大洋洲都有分布，在我国主要出现在东北、华东、华南和台湾地区。绿鹭喜欢在水边的灌丛或林地中生活，以鱼、虾、水生昆虫和其他小型水生动物为食，最爱吃鱼。

在捕猎的时候，绿鹭会充分利用各种工具，天然的树叶、果子、虫子，人类散落的面包屑、爆米花，都是它们会用到的食饵。绿鹭首先会把这些东西放到水面上，然后站在附近岸边等待。当小鱼被美食吸引过来的时候，绿鹭就会以极快的速度伸长脖子，一口将美味吞下。如果来的是体形较大、自己无法吞下的鱼，绿鹭还会抢在对方吞下食饵前收回食饵。有时，绿鹭会把相对大的面包块进一步弄碎，从而获得可用多次的食饵。

嘴巴“闭不严”的钳嘴鹳

交嘴雀的嘴虽然错位，但上下颌却能挨到一起，而钳嘴鹳的嘴巴则从侧面就能看到明显的缝隙。

钳嘴鹳是鹳形目鹳科的鸟类。广义上的钳嘴鹳包括整个钳嘴鹳属，包括钳嘴鹳和非洲钳嘴鹳。狭义上的钳嘴鹳是亚洲特有鸟类，也叫亚洲钳嘴鹳，主要栖息于南亚和东南亚地区，中国西南也有分布。

钳嘴鹳体长31～89厘米，体重1.3～8.9千克，属于大中型涉禽，喜欢在热带地区的沼泽、湿地、海滩、水田、湖泊等近水区域活动，以较大的螺类和蚌类等软体动物为主食，也捕

zhuō qīng wā hé páng xiè
捉青蛙和螃蟹。

qián zuǐ guàn de shí wù chú wā lèi wài qí yú dōu yǒu yìng ké xiǎng
钳嘴鹳的食物除蛙类外，其余都有硬壳。想
yǎo kāi yìng ké jiù bì xū yǒu gěi lì de zuǐ qián zuǐ guàn de shàng huì jiào
咬开硬壳就必须有给力的嘴。钳嘴鹳的上喙较
píng xià huì zhōng bù de wèi zhì wēi wēi xiàng xià wān qū zuì qián duān de
平，下喙中部的位置微微向下弯曲，最前端的
huì jiān yòu wǎng shàng qiào yǐ zhì yú bì shàng zuǐ de shí hou huì jiān hé zài
喙尖又往上翘，以至于闭上嘴的时候喙尖合在
yì qǐ dàn zhōng jiān què lù chū hěn duō de kòng xì kàn shàng qù jiù xiàng
一起，但中间却露出很多的空隙，看上去就像
yì bǎ bì hé de qián zi gāng hǎo shì hé nòng kāi ruǎn tǐ dòng wù huò páng
一把闭合的钳子，刚好适合弄开软体动物或螃
xiè de ké
蟹的壳。

shā yòu de bái guàn
“杀幼”的白鹳

bái guàn shì guàn xíng mù guàn kē guàn shǔ de niǎo, guǎng yì shàng bāo
白鹳是鹳形目鹳科鹳属的鸟，广义上包

kuò dōng fāng bái guàn hé ōu zhōu bái guàn, xiá yì shàng zé tè zhǐ ōu zhōu
括东方白鹳和欧洲白鹳，狭义上则特指欧洲

白鹳。两种白鹳在我国都有分布。东方白鹳只分布于东亚和俄罗斯远东地区，欧洲白鹳分布更广，遍布亚、非、欧三大洲。两者最明显的区别在嘴巴上：欧洲白鹳的喙是红色的，东方白鹳则长了个黑嘴。

白鹳是“高产”鸟类，平均每年可产卵3～6枚，但能长大的雏鸟却只有1～2只。成活率较低很大原因是亲鸟造成的。白鹳是以昆虫和小型水生动物为食的鸟，在它们的繁殖期（3～6月），这些食物并不充足。为保障种群的延续，亲鸟不得不把有限的食物集中起来，优先供给更容易存活的后代，将那些弱小的孩子扔出巢穴或啄死。

吃得好就变红的火烈鸟

如果搞个羽毛颜色喜庆程度评比，拥有一身朱红色体羽的火烈鸟绝对是夺冠热门。

火烈鸟也叫红鹳，是鹳形目红鹳科的鸟类，包括3属6种，除大红鹳和小红鹳生活在欧亚大陆和非洲外，其余4种都分布于美洲（以中南美洲为主）。我国只有大红鹳，它们主要栖息在西部地区，北京、天津、山东、江苏、浙江等东部城市也有发现，踪迹遍布19个省。

火烈鸟这个俗名，来源于它们身上像火一样红的羽毛。但这身艳丽的“红衣”却并非火烈鸟的“本色”，它们自身的羽毛以白色为主，变红完全是吃出来的。火烈鸟喜欢在浅水区域觅食，荤食主要是鱼、虾蟹、螺贝等软体动物，素食则包括水藻和其他浮游植物。这些食物中普遍都含有一种叫“虾青素”的物质，可以让身体变红。吃得越多，营养吸收能力越强的火烈鸟，羽毛的颜色就越红。

为防止天敌偷袭，火烈鸟通常站着睡觉（这样才能及时奔跑并起飞），为防止摔倒，它们有时还会通过不断旋转身体来寻找平衡点。

肋部长“鱼鳞”的中华秋沙鸭

提起鸭子，估计很多人脑海里会出现扁平嘴、胖身躯、小短腿的形象。这样的形象其实只属于家鸭中的部分品种（如北京鸭）。野鸭中不乏身躯矫健的成员，中华秋沙鸭就是如此。

中华秋沙鸭是雁形目鸭科秋沙鸭属中的4种鸟类之一，体长54～68厘米，长而尖的喙内侧长有小锯齿，能够咬住光滑的鱼，是鸭家族中唯一以鱼为主食的。从名字不难猜出，中华秋沙鸭主要栖息于中国，它们夏天在我国东北和俄罗斯远东地区繁衍后代，冬天则到中国南方越冬。

和很多鸟类一样，中华秋沙鸭的雌鸟和雄鸟“着装”也不一样。雄鸟头颈部羽毛为黑色，泛着墨绿色金属光泽，身体以白色为主；雌鸟则是棕红色头顶加灰色身躯。中华秋沙鸭不论雌雄，头顶上都长有一簇长而蓬松的羽毛，看上去就像弄了个“杀马特”发型。奇葩的冠羽并不是中华秋沙鸭的标志，真正让它们与众不同的是身体两侧鱼鳞状的纹路，这是它们别名“鳞胁秋沙鸭”的由来。

喜欢待在树上的疣鼻栖鸭

在我们的印象中，鸭子是生活在水中的鸟，在陆地上行动笨拙，更不可能攀爬。因此常用“赶鸭子上架”来形容强人所难。但大自然的创造力却远远超出人类的想象，能上架的鸭子不仅有，还不止一种，疣鼻栖鸭就是其中之一。

疣鼻栖鸭是雁形目鸭科栖鸭属的鸟类，因眼部周围长有红色的疣状突起而得名。野生种群生活在美洲的湿地和水边的森林里，是著名家鸭品种——番鸭的直系祖先。

疣鼻栖鸭除翅膀上有少许白色羽毛外，其余部位全部为黑色，站在枝头上的样子乍看有点儿像乌鸦。作为体重为3～7千克的大型

niǎo yóu bí qī yā néng zhàn zài shù shàng píng jiè de shì bǐ qí tā yā
鸟，疣鼻栖鸭能站在树上，凭借的是比其他鸭

kē niǎo lèi dōu yào cháng de zhuǎ zi hé wěi ba tā men de zhuǎ zi kě yǐ
科鸟类都要长的爪子和尾巴。它们的爪子可以

láo láo zhuā zhù shù zhī wěi ba zé néng qǐ dào píng héng huò zhī chēng de zuò
牢牢抓住树枝，尾巴则能起到平衡或支撑的作

yòng yīn wèi yǒu le zhè liǎng yàng zhuāng bèi yóu bí qī yā zài shù
用。因为有了这两样“装备”，疣鼻栖鸭在树

shàng de shí jiān míng xiǎn duō yú zài shuǐ zhōng cháo xué yě jiàn zài shù shàng
上的时间明显多于在水中，巢穴也建在树上。

长得不丑的丑鸭

《丑小鸭》是《安徒生童话》中的著名作品，讲述了一只生下来很丑的小鸭子（实际上是天鹅）不断成长，最后变成美丽天鹅的故事。而在现实的自然界中，同样有以丑为名，实际上却长得很漂亮的鸭子——丑鸭。

丑鸭体长38～51厘米，体重0.5～1千克，差不多是绿头鸭的一半；主要栖息于俄罗斯远东地区、日本沿海、朝鲜半岛、北美洲东西海岸和欧洲的冰岛，我国境内出现最多的是东北地区，近些年北京、江苏等地也有零星个体被观测到。在分类中，丑鸭属于海鸭族（科和属之间的分类，不常用）中的丑鸭属，平日里主要在沿海区域、海湾、入海口活动，繁殖期则进入内陆，选择水流湍急的地方产卵孵蛋。丑鸭以软体动物为主食，它们短而厚实的喙非常适合咬开贝类的硬壳。

丑鸭以丑为名，是雄鸟的羽色造成的。雄性丑鸭身上的羽毛以石板蓝色为主，两肋则是栗红色，肩部有白色条纹，这样的配色让研究者想到了喜剧中的小丑。

"换羽期"不会飞的鸳鸯

中国神话传说中的神鸟凤凰，最初其实分别代表雄雌两种鸟（凤为雄、凰为雌）。现实中，同样有一种名字代表两种性别的鸟，这就是鸳鸯。

鸳鸯是雁形目鸭科鸳鸯属的鸟类，从大范围上说是一种鸭子。成年后体长38～45厘米，在鸭子家族里算中等个子。它们主要栖息在东亚和俄罗斯远东地区，欧洲、南亚和东南亚也有分布。一些地方的种群为候鸟，还有一些是留鸟，北京地区两种类型的鸳鸯都有。

和很多鸟一样，鸳鸯也是雌雄异色的鸟，雄鸟的羽毛光鲜艳丽，雌鸟虽然羽色暗淡，但白色

的眼圈和眼纹却给人一种另类的美感。鸳鸯体色相异，繁殖期又总是形影不离，以至于古人把雄鸟称为鸳，雌鸟称为鸯，并将它们视为感情专一的动物。但实际上，鸳鸯不论雌雄，伴侣几乎都是每年一换，这样做有助于种群的繁衍。

就像蛇要定期蜕皮一样，每年繁殖期过后，鸳鸯也要换羽。在此期间，它们的飞羽会完全脱落，暂时丧失飞行能力。

刚出生就被迫跳崖的白颊黑雁

金雕会通过“断粮”的方式，逼迫即将成年的小金雕开始第一次飞行。相比之下，白颊黑雁做得更绝。

白颊黑雁是雁形目鸭科黑雁属的鸟类，体长55～70厘米，主要在北极和北太平洋地区繁殖，欧洲西部越冬，我国南方鄱阳湖一带近年来也发现了越冬个体。白颊黑雁喜欢在有水的地方活动，以水生植物为主食，也吃陆生植物。

为躲避肉食动物的袭击，白颊黑雁选择把巢穴建在悬崖绝壁上。这样做虽然最大限度地保障了雏鸟和鸟蛋的安全，但也带来了一个新问题——没有食物。唯一的解决办法就是下到悬崖底部，到生物繁盛的水域进食。在小白颊黑雁还不会飞的时候，为跟上父母，它们只能冒险跳崖。好在刚出生的小白颊黑雁体重很轻，厚厚的绒羽在掉落过程中又可以起到减速作用，跳下去后的成活率还是比较高的。

脚越蓝越健康的蓝脚鲣鸟

蓝脚鲣鸟是鲣鸟目鲣鸟科鲣鸟属的鸟类，体长84厘米，分布于从墨西哥西北到秘鲁北部的美洲地区，在科隆群岛繁殖。蓝脚鲣鸟

因一双蓝色的带蹼大脚而得名。

蓝脚鲣鸟以鱼为食，鱼肉中含有的类胡萝卜素能让它们脚的颜色变得更蓝。对于雄性蓝脚鲣鸟来说，拥有一双足够蓝的脚是吸引雌鸟的先决条件。因为这可以向对方表明自己身体健康，捕鱼能力强，能更好地照顾家庭。

蓝脚鲣鸟最常吃的鱼是喜欢集成大群游动的沙丁鱼。为了捕捉到这些行动迅速的小鱼，蓝脚鲣鸟练就了出色的扎猛子能力。发现鱼群后，它们会先往高处飞一段，留出足够的俯冲距离，然后并拢翅膀，以头下尾上的姿势“射”入水中。这种姿势入水，细长的鸟喙最先接触水面，能最大限度地减少水的阻力，减轻震动，提高捕鱼成功率。

喜欢晒太阳的弱翅鸬鹚

在我国民间有一类被俗称为“鱼鹰”的鸟，它就是鸬鹚（生物学上的鱼鹰是鹗）。

鸬鹚并不是某一种鸟类，而是鲣鸟目鸬鹚科下约40种鸟类的统称。弱翅鸬鹚是其中体形最大的，体长可达1米。虽然个头儿够大，但弱翅鸬鹚的翅膀却很小，按照身体比例来说是鸬鹚家族里最短的。不发达的翅膀加上同样不发达的胸肌，让弱翅鸬鹚成了家族里唯一不会飞的。不能飞就没办法迁徙，弱翅鸬鹚的栖息地因此被局限在科隆群岛上。

和其他鸬鹚一样，弱翅鸬鹚也靠捕鱼为生。当它们潜入水下时，眼睛上透明的瞬膜

可以自动遮挡住眼睛，保护眼睛不进水，从而更好地看清鱼群的动向。发现目标后，弱翅鸬鹚就会快速游过去，用长长的钩状喙紧紧咬住光滑的鱼。和鸭子等游禽不同，弱翅鸬鹚的身体无法分泌可防水的油脂，因此它们在短暂潜水后就必须返回岸上，通过晒太阳的方式让羽毛变干。

从不入海的海鸟——军舰鸟

军舰鸟是鲣鸟目军舰鸟科军舰鸟属鸟类的统称，全世界共有5种，分布于热带、亚热带、温带海洋区域，我国沿海地区可以见到。

军舰鸟属于大型海鸟，体长77～100厘米，翼展则能达到2米，可以借助上升气流翱翔。虽然整日围着海打转，但军舰鸟却从来不让除嘴巴外的任何部位沾水。这是因为它们的“尾脂腺”不发达，无法为羽毛提供防水保护，短小的双腿也没法在水下划水。

没办法下水却还在海面上待着，军舰鸟自然是为了寻找食物。除了把两片喙当筷子用，“夹起”被鲨鱼等水下捕食者驱赶到海面的鱼、虾、软体动物，它们还会从中小型海鸟嘴里抢夺食物。具体做法是凭借体形上的优势快速猛冲过去，迫使对方因为惊吓而丢掉口中的食物；在食物重新掉入水中之前，它们再凭借出色的飞行本领来个俯冲，像足球门将鱼跃扑救一样，用嘴衔住食物。正是因为这种“打劫”行为，军舰鸟又被称为“海盗鸟”。

嘴巴短宽的蟆口鸱

蟆口鸱是夜鹰目蟆口鸱科鸟类的统称，下面分为3个属，包括生活在东南亚和大洋洲的十几种鸟类。其中栖息于大洋洲和印度尼西亚的蟆口鸱属体形较大，栖息在亚洲南部的亚洲蟆口

鸱属（也叫蛙嘴夜鹰属）体形较小。中国只有黑顶蟆口鸱，生活在云南西南部和西藏东南部的林地、灌丛、峡谷中。

蟆口鸱科鸟类的蟆口来源于它们像蛤蟆一样又短又宽的大嘴。嘴巴宽大通常意味着有较强的咬合力，鼠类或昆虫等猎物一旦被蟆口鸱的喙钳住就别想逃脱。

除了进食，蟆口鸱的大嘴还能起到警示的作用，它们下颌上的大片黄色区域会随着嘴巴张开展现出来，醒目的色彩有助于吓退天敌。

不过，这种警示往往是紧急关头才被迫使用的。身为夜行性鸟类，蟆口鸱在白天的战斗力很弱，会通过伪装的方式尽量和环境融为一体，以此来达到“藏身”的目的。

拥有“4个翅膀”的旗翼夜鹰

我国上古奇书之一的《山海经》中记载了有4个翅膀的“四翼鸟”。现代动物学家则在非洲找到了类似的原型。

旗翼夜鹰也叫旗翅夜鹰或缨翅夜鹰，虽然名字里有个“鹰”字，但它们和鹰没什么关系，而是属于夜鹰目夜鹰科。旗翼夜鹰生活在非洲中西部地区，体长20～23厘米，拥有短而宽的喙，以昆虫为食。

在繁殖期，雄性旗翼夜鹰的两个翅膀上会分别长出一根大约38厘米长的羽毛，看上去

jiù xiàng chā le qí zi yì bān dāng tā men wéi zhe cí niǎo fēi xíng shí
就像插了旗子一般。当它们围着雌鸟飞行时，
zhè liǎng gēn cháng yǔ máo huì suí fēng bǎi dòng cóng yuǎn chù kàn jiù xiàng liǎng gè
这两根长羽毛会随风摆动，从远处看就像两个
zài dǒu dòng de chì bǎng zài jiā shàng liǎng gè zhēn zhèng de chì bǎng yě jiù
在抖动的翅膀，再加上两个真正的翅膀，也就
chéng le suǒ wèi de gè chì bǎng
成了所谓的4个翅膀。

chì bǎng shàng cháng ér piào liang de yǔ máo suī rán yǒu zhù yú xī yǐn yì
翅膀上长而漂亮的羽毛虽然有助于吸引异
xìng què yě wú xíng zhōng zēng jiā le tǐ zhòng yǐng xiǎng fēi xíng sù dù
性，却也无形中增加了体重，影响飞行速度。
yīn cǐ zài fán zhí qī guò hòu xióng niǎo chì bǎng shàng de liǎng gēn cháng yǔ
因此，在繁殖期过后，雄鸟翅膀上的两根长羽
jiù huì zì dòng tuō luò
就会自动脱落。

没有“脚后跟”的飞行高手——北京雨燕

北京雨燕是世界上唯一名字中带有“北京”二字的鸟，也是2008年北京奥运会吉祥物福娃“妮妮”的原型。

虽然名字里有个“燕”字，但北京雨燕和燕子的关系却仅限于都是鸟类。北京雨燕属于雨燕目雨燕科，是普通雨燕的亚种；燕子是雀形目燕科，两者的关系就像马和牛一样远（一个奇蹄目，一个偶蹄目）。

北京雨燕体长只有16.9～18.4厘米，却有一对展开后比身体还长的翅膀。大翅膀带动小身板，再加上可为飞翔提供动力的发达胸肌，让北京雨燕成了世界上能长距离飞行的鸟。它们于每年7月中旬到11月上旬从中国北京飞到南非过冬，次年2月到4月回到北京繁殖，飞行距离1万多千米。

北京雨燕的迁徙更像是直航班机，只有始发地和目的地，它们就连吃饭都是在空中进行。这样做，一方面是因为北京雨燕的4个脚趾都是向前的，也没有类似人脚的脚后跟，一旦落地就难以站立和行走；另一方面，北京雨燕的左右大脑可以分开运行，一半休息一半工作，因此能边飞边休息，只是速度会慢一些。

zuǐ ba rú jiān dāo de dāo zuǐ fēng niǎo

嘴巴如尖刀的刀嘴蜂鸟

dāo zuǐ fēng niǎo yě jiào jiàn zuǐ fēng niǎo qī xī zài nán měi zhōu de shān
刀嘴蜂鸟也叫剑嘴蜂鸟，栖息在南美洲的山
dì sēn lín zhōng cóng míng zi bù nán kàn chū tā men shì yì zhǒng fēng niǎo
地森林中，从名字不难看出它们是一种蜂鸟，
jù tǐ fēn lèi shǔ yú fēng niǎo mù fēng niǎo kē dāo zuǐ fēng niǎo shǔ
具体分类属于蜂鸟目蜂鸟科刀嘴蜂鸟属。

dāo zuǐ fēng niǎo lái zì píng jūn tǐ xíng zuì xiǎo de fēng niǎo jiā zú tā
刀嘴蜂鸟来自平均体形最小的蜂鸟家族，它

们的体形自然也不大，从喙尖到尾巴大约有23厘米长，其中有多一半长度属于细长而笔直的喙，是唯一嘴巴比身体长的鸟。

刀嘴蜂鸟有如此长的嘴巴，当然是因为生存的需要。蜂鸟是以吸食花蜜为生的鸟，需要将喙深入花冠中进食。在刀嘴蜂鸟分布的地区，生长着一种名为“西番莲”的植物。这种植物的花冠长达11.4厘米。吸食它的花蜜，就好比吃细长瓶子里的东西。刀嘴蜂鸟细长的喙刚好可以深入进去。当触碰到花蜜时，刀嘴蜂鸟的喙会和更长的舌头一起配合，通过大约每秒13次的舔吸将美味吃到口中。

tóu dǐng zhǎng jiǎo de shuāng jiǎo xī niǎo

头顶“长角”的双角犀鸟

shuāng jiǎo xī niǎo shì xī niǎo mù xī niǎo kē jiǎo xī niǎo shǔ de niǎo lèi
双角犀鸟是犀鸟目犀鸟科角犀鸟属的鸟类，
shēng huó zài zhōng guó yìn dù miǎn diàn tài guó yìn dù ní xī
生活在中国、印度、缅甸、泰国、印度尼西
yà yǐ jí qí tā yì xiē nán yà dōng nán yà guó jiā hé dì qū shì
亚，以及其他一些南亚、东南亚国家和地区，是
yà zhōu tè yǒu niǎo lèi tā men xǐ huan zài hǎi bá mǐ yǐ xià de lín
亚洲特有鸟类。它们喜欢在海拔1500米以下的林
dì zhōng de gōu gǔ qū yù huó dòng yǐ guǒ lèi wéi zhǔ shí dòng wù lèi wéi
地中的沟谷区域活动，以果类为主食、动物类为
fǔ shí tǐ cháng lí mǐ shì xī niǎo jiā zú zhōng tǐ xíng
辅食；体长119～128厘米，是犀鸟家族中体形
zuì dà de chéng yuán zhī yī yīn cǐ yě jiào dà xī niǎo
最大的成员之一，因此也叫大犀鸟。

xī niǎo kē dà bù fen chéng yuán de xióng niǎo tóu dǐng shàng dōu zhǎng yǒu
犀鸟科大部分成员的雄鸟头顶上都长有
huò dà huò xiǎo de gǔ zhì tū qǐ bèi chēng wéi kuī tū xióng xìng
或大或小的骨质突起，被称为“盔突”。雄性
shuāng jiǎo xī niǎo de kuī tū fēi cháng dà fù gài le zhěng gè tóu dǐng hé
双角犀鸟的盔突非常大，覆盖了整个头顶和
shàng huì de yí bù fen kuī tū hé shàng huì xiāng lián de dì fang zhōng jiān
上喙的一部分。盔突和上喙相连的地方，中间
āo xiàn liǎng biān zé gè yǒu yí gè xíng zhuàng xiàng xī niú duǎn jiǎo de tū
凹陷，两边则各有一个形状像犀牛短角的突

起，因此得名。双角犀鸟的盔突虽然很大，但其内部却有大量的空腔，总重量并不大。

在求偶期，雄性双角犀鸟的羽毛腺会分泌蜡质液体，雄鸟会用这种液体涂抹盔突，让盔突的颜色变得更加鲜艳，从而达到吸引雌鸟的目的。有时，两只雄鸟之间也会用盔突打架，就像牛羊顶角一样。

niǎo zhōng chòu yòu dài shèng

鸟中臭鼬——戴胜

bǔ rǔ dòng wù zhōng de chòu yòu zài zāo yù tiān dí shí huì tōng guò shì
哺乳动物中的臭鼬在遭遇天敌时会通过释
fàng chòu qì lái bǎo mìng niǎo lèi zhōng de dài shèng tóng yàng ān yú cǐ dào
放臭气来保命。鸟类中的戴胜同样谙于此道。

dài shèng shì xī niǎo mù dài shèng kē dài shèng shǔ de niǎo lèi hé xī
戴胜是犀鸟目戴胜科戴胜属的鸟类，和犀
niǎo shì qīn qi tǐ cháng lí mǐ yǐ kūn chóng wéi shí quán
鸟是亲戚，体长25～32厘米，以昆虫为食。全
shì jiè zhǐ yǒu zhǒng dài shèng qí fēn bù qū yù què biàn bù yà fēi
世界只有1种戴胜，其分布区域却遍布亚、非、
ōu sān dà zhōu shì yǐ sè liè de guó niǎo
欧三大洲，是以色列的国鸟。

戴胜头顶上长有形状像扇子的粉红色羽冠，展开后如同孔雀开屏般漂亮，可它们在民间却有个不雅的别名——臭姑鸪。

一个“臭”字道出了戴胜身上的气味。戴胜的臭一方面是自身携带的，另一方面是生活习惯造成的。戴胜尾巴上的腺体里能分泌一种油性的棕黑色液体，闻起来非常臭。成年戴胜从来不帮雏鸟清理粪便，以至于巢穴里又脏又臭。

戴胜“臭”是有目的的。戴胜不会搭窝，通常选择天然的树洞作为巢穴。为防止蛇、猛禽、野猫等天敌的袭击，也为了防备其他鸟来抢夺巢穴，戴胜就通过释放臭液和不清理粪便的方式把“家”弄臭，让其他动物敬而远之。

给孩子找养父母的杜鹃

杜鹃是鹃形目杜鹃科杜鹃属鸟类的统称，全世界约有10种，亚洲、非洲、欧洲都有分布，它们喜欢让其他鸟帮忙养孩子。

雌性杜鹃会把自己的蛋产在其他鸟的巢穴中，这种行为被称为“巢寄生”。想让别的鸟帮自己义务养娃，这可不是件容易的事。为达

dào mù dì cí xìng dù juān kě wèi shà fèi kǔ xīn
到目的，雌性杜鹃可谓煞费苦心。

dù juān shì wǎn chéng niǎo jì yǎng duì xiàng yě děi shì wǎn chéng niǎo
杜鹃是晚成鸟，寄养对象也得是晚成鸟，
zhè yàng cái néng què bǎo sòng guò qù de hái zi bú huì yīn wèi zhǎng de
这样才能确保送过去的“孩子”不会因为长得
màn ér bèi pāo qì dù juān zhǔ yào chī kūn chóng suǒ yǐ bèi jì shēng de niǎo
慢而被抛弃。杜鹃主要吃昆虫，所以被寄生的鸟
yě děi shì chī kūn chóng de yào bù rán hái zi jiù huì yīn wèi bú shì yìng jì
也得是吃昆虫的，要不然孩子就会因为不适应寄
yǎng jiā tíng de huǒ shí ér è sǐ wèi le néng gòu méng hùn guò guān dù juān
养家庭的伙食而饿死。为了能够蒙混过关，杜鹃
xuǎn zé de jì zhǔ suǒ chǎn de dàn zài dà xiǎo xíng zhuàng yán sè wén
选择的寄主所产的蛋在大小、形状、颜色、纹
lù děng xì jié shàng dōu yào jǐn liàng hé zì jǐ de jiē jìn yīn cǐ bù tóng
路等细节上都要尽量和自己的接近，因此不同
zhǒng lèi de dù juān huì gěi hái zi zhǎo bù tóng de yǎng fù mǔ
种类的杜鹃会给孩子找不同的养父母。

tōng cháng qíng kuàng xià dù juān huì chéng qí tā niǎo lí kāi shí zài
通常情况下，杜鹃会乘其他鸟离开时在
duì fāng de cháo xué lǐ kuài sù chǎn dàn yǒu shí yě huì mó fǎng měng qín xià
对方的巢穴里快速产蛋。有时也会模仿猛禽吓
de duì fāng lí kāi cháo xué rán hòu chéng jī jìn qù chǎn dàn zài chǎn
得对方离开巢穴，然后乘机进去产蛋。在产
xià zì jǐ de dàn hòu dù juān hái huì rēng diào jì shēng cháo xué zhōng xiāng
下自己的蛋后，杜鹃还会扔掉寄生巢穴中相
yìng shù liàng de dàn yǐ fáng zhǐ yǎng fù mǔ yīn dàn de shù liàng bù tóng kàn
应数量的蛋，以防止养父母因蛋的数量不同看
chū pò zhàn
出破绽。

走鹃在生物分类中属于鹃形目，和我们熟悉的杜鹃是亲戚，两者同科不同属。走鹃体长在56厘米左右，主要分布在美国西南到墨西哥中部，喜欢在灌丛、沙漠等植被较为低矮或稀疏的地方活动。

名字里有个“走”字，走鹃在地面上行

走的速度自然十分了得。肌肉发达的双腿让走鹃拥有了每小时40千米的速度，长度达到身体40%的尾巴则能在快走时起到调整方向和维持身体平衡的作用。

走鹃的耐力也很强，为寻找食物，能以很快的速度在荒漠中奔走几十分钟。走鹃是肉食鸟类，主要吃鼠类和小型无脊椎动物，有时会攻击响尾蛇。

敢攻击毒蛇，走鹃的法宝依旧是速度和耐力。它们会利用灵活性和速度优势不断啄击，以此消耗蛇的体能。等到蛇精疲力竭时，走鹃就会猛地咬住蛇头，在地面上用力摔打，直到把蛇摔死。

能“喷吐臭油”的暴风鹱

前面提到戴胜把自己的家变臭让天敌敬而远之，相比之下，同样能释放臭油的暴风鹱则更加强悍，它们的反击足以让捕食者受伤甚至丧命。

暴风鹱是鹱形目鹱科暴风鹱属的海鸟，体长45～48厘米，主要分布于北太平洋、北大西洋、北冰洋等高纬度寒冷地区，有些亚种会在我国东北沿海过冬。暴风鹱喜欢在悬崖绝壁上筑巢，以各种鱼类、虾蟹、软体动物为食，有时也从鲸类等大型哺乳动物尸体上获取腐肉充饥。

虽然暴风鹱把巢穴建在陡峭而隐蔽的地方，但依旧难免被大贼鸥这样来自空中的捕食者找到。此时的暴风鹱就要使撒手锏了。暴风鹱能够把食物中的油脂储存在胃里，并让其在胃酸的作用下变成一种黄色且带有臭味的油性液体。来犯者一旦被暴风鹱喷出的臭油射中，羽毛就会损毁，失去防水、保温等作用，严重的甚至会丧命。

大型鸟类除了振翅飞行，很多时候还会展开翅膀不动，利用上升气流保持高度并在空中飞行，这种飞行方式称为“滑翔”。漂泊信天翁就是这样的鸟。

漂泊信天翁是鹱形目信天翁科的鸟类，分布于南极洲地区。漂泊信天翁体长约110厘米，翼展超过3米。

漂泊信天翁名字中的“漂泊”非常能说明它们的生活习性。身为大型海鸟，漂泊信天翁一生的飞行距离可达850万千米，相当于在地球和月球间往返10次以上。如此强悍的飞行能力，得益于一双巨大的翅膀，成年漂泊信天翁翼展可达3.5米，是世界上翼展最长的鸟。凭借超长翅膀带来的身体稳定性，漂泊信天翁经常在天空中滑翔。当距离地面的高度下降10米时，它们就已经在水平方向上滑翔了220米，堪称鸟类滑翔冠军。

除了飞上天，漂泊信天翁入海的能力也非常强，可以潜入水下12米深的地方寻找食物。有研究发现，漂泊信天翁会根据不同的天气选择吃鱼、吃虾，还是吃软体动物。

用叫声感染同伴的啄羊鹦鹉

在我们的印象中，鹦鹉是会学人说话，非常讨喜的鸟。可是对于新西兰南岛的牧民来说，当地的啄羊鹦鹉却是十足的“恶棍”。

啄羊鹦鹉属于鹦形目鹦鹉科，体长约48厘米，是家族中体形比较大的成员；喜欢在较为寒冷的高山地区生活。除大部分鹦鹉喜爱的昆虫、果实、种子等常规食物以及腐肉外，啄羊鹦鹉还会攻击人类饲养的绵羊，它们用厚实而尖锐的喙啄破绵羊的皮毛，啄食绵羊的脂肪和血肉，这也是它们名字的由来。啄羊鹦鹉啄食绵羊脂肪和血肉的行为是人类活动导致前者栖息地被破坏，原有食物减少造成的。

啄羊鹦鹉是十足的“乐天派”，会用如同嬉笑一样的叫声感染同伴。当一只啄羊鹦鹉因为某种原因而感到快乐，并发出愉悦的叫声时，听到叫声的同伴也会跟着活跃起来。

wéi yī bú huì fēi de yīng wǔ xiāo yīng wǔ
唯一不会飞的鹦鹉——鸮鹦鹉

shòu huán jìng yǐng xiǎng dòng wù de mǒu xiē shēn tǐ jī néng huì fā shēng
受环境影响，动物的某些身体机能会发生
biàn huà bǐ rú yóu huì fēi biàn chéng bú huì fēi xiāo yīng wǔ jiù shì rú cǐ
变化，比如由会飞变成不会飞，鸮鹦鹉就是如此。

xiāo yīng wǔ shì shì jiè shàng tǐ zhòng zuì dà de yīng wǔ tǐ cháng
鸮鹦鹉是世界上体重最大的鹦鹉，体长
bù chāo guò lí mǐ què yǒu zhe qiān kè de tǐ zhòng bǐ tǐ
不超过64厘米，却有着2～4千克的体重，比体
cháng mǐ de zǐ lán jīn gāng yīng wǔ hái zhòng bù shǎo yīn tóu liǎn bù kù
长1米的紫蓝金刚鹦鹉还重不少。因头脸部酷
sì xiāo māo tóu yīng ér dé míng yě jiào xiāo miàn yīng wǔ zhǔ
似鸮（猫头鹰）而得名，也叫“鸮面鹦鹉”，主
yào qī xī yú xīn xī lán nán dǎo
要栖息于新西兰南岛。

xiāo yīng wǔ yōng yǒu pàng dū dū yuán gǔn gǔn de shēn cái hé liǎng tiáo cū
鸮鹦鹉拥有胖嘟嘟、圆滚滚的身材和两条粗
zhuàng yǒu lì de tuǐ chì bǎng què xiāng duì duǎn xiǎo zhè shì wèi shì yìng huán
壮有力的腿，翅膀却相对短小。这是为适应环
jìng ér chǎn shēng de shēn tǐ biàn huà fēi xíng duì yú niǎo lèi lái shuō qí shí
境而产生的身体变化。飞行对于鸟类来说其实
shì gè fēi cháng xiāo hào tǐ lì de shì qing xiāo yīng wǔ shēng huó de dǎo shàng
是个非常消耗体力的事情，鸮鹦鹉生活的岛上
méi yǒu dà xíng shí ròu dòng wù tā men de chì bǎng zì rán jiù tuì huà le
没有大型食肉动物，它们的翅膀自然就退化了。

鸮鹦鹉以植物为食，最爱吃的是新西兰陆均松的果实。它们把坚硬的喙当拐杖，辅助双腿一起攀爬到树冠上享用美食后，就会张开小翅膀维持平衡，以半飞半跑的姿态从树上下来。有时，树枝因为承受不住鸮鹦鹉的体重会突然折断，这时也完全不用担心它们会受伤，因为充满脂肪的身躯和又厚又软的羽毛会在它们落地时起到保护作用。

chī nián tǔ pái dú de hóng lǜ jīn gāng yīng wǔ

吃黏土排毒的红绿金刚鹦鹉

hěn duō dòng wù zài shēn tǐ bù shū fu de shí hou dōu huì xún zhǎo yì
很多动物在身体不舒服的时候都会寻找一
xiē tiān rán de yào cái hóng lǜ jīn gāng yīng wǔ jiù shì rú cǐ
些天然的“药材”，红绿金刚鹦鹉就是如此。

hóng lǜ jīn gāng yīng wǔ shì tǐ cháng jiē jìn mǐ de dà xíng yīng
红绿金刚鹦鹉是体长接近1米的大型鹦
wǔ zhǔ yào qī xī yú nán měi zhōu de rè dài lín dì zhōng xǐ huan zài
鹉，主要栖息于南美洲的热带林地中，喜欢在
kāi kuò de shū lín dì dài huó dòng chú míng zi zhōng tí dào de hóng
开阔的疏林地带活动。除名字中提到的红、
lǜ liǎng zhǒng yán sè wài tā men shēn tǐ de dà piàn qū yù hé wěi ba
绿两种颜色外，它们身体的大片区域和尾巴

上还有蓝色的羽毛。

红绿金刚鹦鹉喜欢吃素，各种植物的果实和种子是它们的主食，花和叶也在它们的摄食范围内。因为体形大，红绿金刚鹦鹉食量也比较大。而当地很多植物的果实和种子不但拥有非常坚硬的外壳，甚至含有毒素。不过这丝毫难不倒红绿金刚鹦鹉。每当吃下那些有毒的植物后，它们就会吃一些土来解毒。

红绿金刚鹦鹉所吃的土可不是一般的土，而是黏土。这些黏土不但能分解掉果实和种子里的毒素，还能为红绿金刚鹦鹉的身体提供很多微量元素，起到保健的作用。

吃鱼虾顺序不同的普通翠鸟

翠鸟是佛法僧目翠鸟科的鸟类，普遍身材小巧，绝大多数拥有艳丽的羽毛。翠鸟科有90多种鸟，身影遍布热带、亚热带、温带地区，中国分布最广、数量最多的是普通翠鸟。

普通翠鸟体长约16厘米，体重30克左右，生活在中国除新疆和青藏高原部分极寒地区外的所有地方。覆盖着耳孔的红棕色羽毛是普通翠鸟区别于其他翠鸟的标志。而在种群内部，雌性普通翠鸟上黑下橙红的喙将其和雄鸟区分开来（雄鸟上下喙都是黑的）。

普通翠鸟喜欢在溪流、河谷、水库、水塘、水田等有水的地方活动，以鱼虾为食。当发现

shuǐ miàn shàng yǒu bō dòng shí tā men huì yí gè měng zi qián xià qù diāo
水面上有波动时，它们会一个猛子潜下去叼

zhù liè wù zài kuài sù fēi huí dào àn shàng rán hòu zài jiào yìng de dì fang yòng
住猎物再快速飞回到岸上，然后在较硬的地方用

lì shuǎi tóu shuāi dǎ zhí dào liè wù tíng zhǐ zhèng zhá hòu zài xiǎng yòng
力甩头摔打，直到猎物停止挣扎后再享用。

pǔ tōng cuì niǎo chī yú shì cóng tóu kāi shǐ tūn chī xiā zé shì cóng
普通翠鸟吃鱼是从头开始吞，吃虾则是从

wěi bù rù kǒu zhè yàng zuò kě yǐ bì miǎn bèi yú qí shàng de jiān cì huò
尾部入口。这样做可以避免被鱼鳍上的尖刺或

xiā de áo zhī hé é jiàn xiā xiè tóu xiōng bù qián duān xiàng jiàn yí yàng
虾的螯肢和额剑（虾蟹头胸部前端像剑一样

de tū chū wù nòng shāng
的突出物）弄伤。

蜂之杀手——蜂虎

有些动物单看名字，会让人对它们的身份产生疑惑，蜂虎就是如此。

蜂虎既不是蜜蜂也不是老虎，而是一类鸟，属于佛法僧目蜂虎科，共包括3属约30种，在亚洲、非洲、欧洲和大洋洲都有分布。我国有8种，主要栖息在南方和新疆西部地区。蜂虎大部分时间在森林中活动，也会光顾林地边缘、山坡、河边等开阔区域。

在英文中，蜂虎的意思是“食蜂鸟”，显然它们的主食是包括蜜蜂、黄蜂在内的各种蜂类（也吃其他昆虫）。众所周知，除无刺蜂外的大多数蜂类都长有用来防身的有毒的“螫针”。

螫针如果蜇到人，人会出现皮肤肿痛的情况，严重者甚至会休克乃至死亡，更不用说蜇到蜂虎了。平均体长只有20厘米的蜂虎也深知蜂的螫针的厉害，在捕捉到蜂后，它们会用喙紧紧叼住并反复在岩石或树枝等硬物上对蜂进行摔打。当把蜂摔死并摔掉螫针后，蜂虎还会扯掉蜂体内的毒囊和毒腺，最后才开始品尝美味。

专吃蚂蚁的啄木鸟——蚁䴕

按照通常理解，啄木鸟就是在树干上不停凿洞，寻找虫子的“森林卫士”（这一说法尚有争议，因为有研究发现啄木鸟凿洞对树的损害比虫害还大）。但如果把啄木鸟的范围扩大到科，情况就不完全是这样了，一种名叫蚁䴕的鸟会在地面上找食物。

蚁䴕体长15～20厘米，在啄木鸟家族中属于小个子，拥有非常灵活的头部，尾巴的长度在7厘米以上，在啄木鸟中属于比较长的。蚁䴕在亚洲、非洲、欧洲都有分布，在我国南北方的众多省份也都有栖息。

名字中有个“蚁”字，蚁䴕的食谱中自然

shǎo bu liǎo mǎ yǐ tā men chāo cháng qiě dài yǒu nián xìng de shé tou kě yǐ
少不了蚂蚁。它们超长且带有黏性的舌头可以
shēn rù mǎ yǐ dòng shēn chù zhǐ xū qīng qīng yì tiǎn jiù kě yǐ zhān zhù
深入蚂蚁洞深处，只需轻轻一舔，就可以粘住
dà liàng de mǎ yǐ zài dà liàng jìn shí mǎ yǐ de tóng shí yǐ liè yě bú
大量的蚂蚁。在大量进食蚂蚁的同时，蚁䴕也不
huì fàng guò mǎ yǐ de luǎn hé yǒng duì yú tā men lái shuō zhè xiē shí wù
会放过蚂蚁的卵和蛹，对于它们来说，这些食物
de yíng yǎng jià zhí gèng gāo gèng róng yì xiāo huà xī shōu
的营养价值更高，更容易消化吸收。

yǐ liè dà duō shù shí jiān zài guàn cóng děng yǒu zhē bì wù de dì miàn
蚁䴕大多数时间在灌丛等有遮蔽物的地面
shàng huó dòng dàn tā men de pān pá néng lì hěn qiáng kě yǐ xiàng nà xiē
上活动，但它们的攀爬能力很强，可以像那些
zài shù shàng qǔ shí de qīn qi yí yàng chuí zhí zhàn zài shù gàn shàng
在树上取食的亲戚一样垂直站在树干上。

喜欢抛接食物的巨嘴鸟

把东西抛起来再接住，这是锻炼反应能力的一种方法。巨嘴鸟几乎每天都在练习。

巨嘴鸟是美洲特有鸟类，从墨西哥到阿根廷（西印度群岛除外）的美洲热带地区都有它们的踪迹。在分类中，巨嘴鸟属于䴕形目巨嘴鸟科，和啄木鸟同属一个目，科内共有约40种。不同种类的巨嘴鸟体形相差很大：最小的巴西簇舌巨嘴鸟只有29厘米长、130克重；而最大的鞭笞巨嘴鸟有63厘米长、680克重。

虽然体形不同，但巨嘴鸟家族的成员却无一例外都长着巨大的嘴，其长度超过身体的三分之一。巨大的嘴巴让巨嘴鸟看上去有些头重

jiǎo qīng dàn dà zuǐ de jué duì zhòng liàng bìng bú dà yīn wèi lǐ miàn yǒu
脚轻，但大嘴的绝对重量并不大，因为里面有

hěn duō yóu xiān wéi zhuàng wù zhì tián chōng de kōng qiāng bú shì wán quán shí
很多由纤维状物质填充的空腔，不是完全实

xīn de gǔ tou
心的骨头。

jù zuǐ niǎo yǐ zhí wù de zhǒng zi hé guǒ shí wéi zhǔ shí shì dàng
巨嘴鸟以植物的种子和果实为主食，适当

dā pèi kūn chóng hé xiǎo xíng pá xíng dòng wù tā men jìn shí de fāng fǎ fēi
搭配昆虫和小型爬行动物。它们进食的方法非

cháng qí tè shǒu xiān yòng zuǐ diāo zhù rán hòu pāo xiàng kōng zhōng zuì hòu
常奇特，首先用嘴叼住，然后抛向空中，最后

zài zhāng zuǐ jiē zhù zhè yàng zuò kě yǐ miǎn qù bǎ shí wù cóng zuǐ ba qián
再张嘴接住。这样做可以免去把食物从嘴巴前

duān shū sòng dào hòu fāng de má fan
端输送到后方的麻烦。

带人类找蜂蜜的黑喉响蜜䴕

黑喉响蜜䴕是一种体形和麻雀差不多大的小鸟，属于䴕形目响蜜䴕科，因喉部的羽毛呈黑色而得名，生活在非洲的草原灌木丛和森林边缘。黑喉响蜜䴕拥有和杜鹃一样的寄生习惯，雏鸟一出生就会用尖锐的喙杀死养父母的孩子。

黑喉响蜜䴕喜欢吃蜜蜂及其相关制品，在所有的蜜蜂制品中，它们最爱吃的要数蜂蜡了。所谓蜂蜡，简单来说就是由工蜂从腹部分泌的一种用来修筑蜂巢的蜡制材料，人和大多数脊椎动物都无法消化，黑喉响蜜䴕却可以。

既然要从蜂巢中取食，势必要捣毁蜂巢，一旦捅了蜂巢，势必会遭到蜂群的围攻。与其这样，不如找个合作伙伴，降低风险。科学研究发现，生活在莫桑比克北部的部分当地人在取蜜蜂制品时会用特殊的叫声招呼黑喉响蜜䴕，让其给自己当向导，找到蜂巢后双方各取所需。

以鼠为名的鼠鸟

鼠鸟是非洲特有的小型鸟类，属于鼠鸟目鼠鸟科，全世界共有 1 属 6 种。

鼠鸟的名字一方面来源于它们和老鼠相近的体形，以及形状近似的头部；另一方面则是因为它们在灌丛中爬行时的动作酷似老鼠。鼠鸟是素食鸟类，喜欢在灌丛中爬行，以各种植物的芽、花、果、种子为食。

鼠鸟的攀爬本领很强，这都是独特的脚部结构带来的优势。鼠鸟的脚趾被称为“转趾足”，可以根据需要朝前后两个方向伸展。有了如此灵活的脚趾，再加上有力的爪子，鼠鸟不仅可以牢牢抓住树枝，而且可以做出很多高难度的“杂耍”动作。有时，它们会用两只爪子分别钩住相近的两根枝条，像荡秋千一样把身体悬挂在中间。如果树枝间的距离较远，它们就在一根树枝上晃荡着玩。

小时候翅膀上长爪子的臭鸟——麝雉

麝雉是南美洲特有鸟类，是圭亚那国鸟，体长60～66厘米，喜欢生活在红树林等半浸泡在水中的林地环境中。麝雉以植物的叶子为主食，也吃花和果实；不擅长飞行，但游泳能力很强。

幼年时期的麝雉翅膀末端长有两个爪子，当不慎落水时可以快速“手脚并用”爬回树上。这对“翼爪”会在麝雉成年后消失。

麝雉名字中的“麝”来源于它们身上的气味。和身体分泌麝香的麝一样，麝雉也散发着奇臭无比的味道（天然麝香是臭的，市场上销售的都经过加工），闻起来就像发酵的粪便或发霉的食品。

散发臭味是麝雉的身体结构和饮食习惯导致的。麝雉的胸口部位有一个很大的嗉囊，可以起到消化和存储食物的作用，其消化能力比胃还强。必要时，麝雉可以把胃中不好消化的食物以“逆呕”（类似反刍）的方式返送到嗉囊中进行二次消化，在这个过程中食物会发酵，从而发出难闻的臭味。麝雉吃得多，臭味自然就很大。也正是因为臭，麝雉几乎没有天敌。

用羽毛取水的沙鸡

在一些水资源贫乏的偏僻地区，人们往往需要到很远的地方去取水。鸟类中的沙鸡同样如此。

沙鸡是沙鸡目沙鸡科鸟类的统称，分布于亚、非、欧三大洲，全世界大约有十几种，我国分布3种，在西北和北方。沙鸡平均体长23～

lí mǐ yīn zuǐ ba xiàng jī yòu xǐ huan shēng huó zài shā mò dì dài
42厘米，因嘴巴像鸡，又喜欢生活在沙漠地带

ér dé míng chú shā mò wài cǎo yuán hé bàn huāng mò dì qū yě shì tā
而得名。除沙漠外，草原和半荒漠地区也是它

men zhǔ yào de ān shēn zhī suǒ
们主要的安身之所。

shā jī chī zhí wù hé kūn chóng tā men jí qún shēng huó qún tǐ
沙鸡吃植物和昆虫。它们集群生活，群体

zhōng yòu liǎng liǎng pèi duì fēn chéng ruò gān gè xiǎo jiā tíng zài yù chú qī
中又两两配对，分成若干个小家庭。在育雏期

jiān wèi le ràng hái bú huì fēi de chú niǎo néng hē shàng shuǐ qīn niǎo tōng
间，为了让还不会飞的雏鸟能喝上水，亲鸟通

cháng huì fēn gōng hé zuò mā ma fù zé zài jiā zhào gù hái zi yòng zì
常会分工合作。妈妈负责在家照顾孩子，用自

jǐ de shēn tǐ bāng bǎo bao zhē dǎng yáng guāng de bào shài bà ba zé lí kāi
己的身体帮宝宝遮挡阳光的暴晒；爸爸则离开

cháo xué qù zhǎo shuǐ yǒu shí hou yào fēi xíng jǐ shí dào shàng bǎi qiān mǐ
巢穴去找水，有时候要飞行几十到上百千米。

zài zhǎo dào shuǐ yuán hòu xióng xìng shā jī huì xiān zì jǐ hē zú shuǐ rán hòu
在找到水源后，雄性沙鸡会先自己喝足水，然后

jìng zhí zǒu jìn shuǐ zhōng ràng shuǐ jìn shī xiōng fù bù shā jī xiōng fù bù
径直走进水中，让水浸湿胸腹部。沙鸡胸腹部

de yǔ máo jù yǒu jí qiáng de xī shuǐ gōng néng měi piàn yǔ máo dōu kě yǐ
的羽毛具有极强的吸水功能，每片羽毛都可以

xī shōu bǐ yǔ máo běn shēn zhòng bèi de shuǐ dāng xiōng fù bù xī zú shuǐ
吸收比羽毛本身重8倍的水。当胸腹部吸足水

fèn hòu xióng xìng shā jī cái huì fēi huí jiā gěi jiā rén sòng shuǐ
分后，雄性沙鸡才会飞回家给“家人”送水。

体形最大的鸟——鸵鸟

鸵鸟是世界上体形最大的鸟，成年后身高可达3米，体重超过100千克，曾广泛分布于旧大陆（亚洲、非洲、欧洲），目前野生种群只栖息在非洲。

鸵鸟体形大，翅膀也大，它们的翼展可达2米，再加上长有长而蓬松的羽毛，就像两把宽大的蒲扇。

虽然翅膀很大，鸵鸟却无法在天空中翱翔。这其中的原因除翅膀的尺寸相对于身躯还是太小，以及翅膀上缺乏能为飞行助力的不对称飞羽外，主要还在胸脯上。

所有会飞的鸟，在分类中都属于突胸总目，它们胸部正中有一块向前隆起，看上去像船底龙骨一样的骨头，被称为“龙骨突”。龙骨突上附着的肌肉和肩膀相连，可带动翅膀做出振翅动作。越是善于飞行的鸟，龙骨突的突起就越大，附着的肌肉也越多。鸵鸟没有龙骨突，胸部的肌肉非常少，在分类中属于平胸总目。

鸵鸟拥有两条肌肉发达的腿，它们每小时至少能跑60千米，而且耐力非常强，足以甩开食肉动物。传说中鸵鸟遇到危险，只能低头装看不见，完全是凭空想象。

小翅膀的鸵鸟——鸸鹋

鸸鹋是澳大利亚特有鸟类，也是该国国徽上的两种动物之一（另一种是袋鼠），在生物分类中属于平胸总目中的鸸鹋科，身高2米左右。

由于外表酷似鸵鸟，鸸鹋也被称为“澳洲鸵鸟”，但两者的差别还是很大的，最主要的一点就是体形。和鸵鸟相比，鸸鹋不仅身材不够高大，翅膀也要短很多，“隐藏”在羽毛下几乎看不到。和生活在非洲的鸵鸟有一对方便观察的大眼睛不同，鸸鹋的眼睛比较小。

鸸鹋和鸵鸟的另一个不同点在生活方式上。鸵鸟蛋通常由亲鸟轮流孵化，鸸鹋蛋的孵化则是雄性全权负责。小鸸鹋出生后也主要由爸爸照顾（鸵鸟是由群体选出来的家长看护，类似幼儿园）。鸸鹋是独居动物，会驱赶入侵领地的同类，每次打斗后，胜利者都会发出类似“而苗”的叫声，它们的名字就是这么音译来的。

“入围吉尼斯”的双垂鹤鸵

双垂鹤鸵也叫南鹤鸵，是平胸总目鹤鸵目鹤鸵科鹤鸵属的鸟类，体长 102 ~ 170 厘米，没有毛发的头顶上长有很大的骨角质冠。澳大利亚昆士兰州北部及周边地区、新几内亚岛南部都有它们的身影。双垂鹤鸵主要在密林间活动，有时也出现在树木较少的开阔区域。

双垂鹤鸵的名字来源于它们喉部下方的两个红色肉垂。因为这两个红似火的肉垂，它们也被俗称为“食火鸡”。这个别名据说是因为澳大利亚的当地人相信鹤鸵会吃火，以致于它们的喉部被烫红了。

现实中的双垂鹤鸵当然没有吃火的本事，但也是个狠角色。双垂鹤鸵每只脚上各有3个指头，最内侧的指头末端长有12厘米长的爪子，用力踢蹬时的力量足以穿透钢板。有了如此给力的“武器”，双垂鹤鸵的脾气也非常暴躁。仅2003年一年，澳大利亚就发生过150多起鹤鸵袭人事件，它们也因此被吉尼斯世界纪录评为“最危险的鸟”。

蛋占身体比重最大的鸟——几维鸟

几维鸟是新西兰特有鸟类，也是该国的国鸟，因翅膀短得几乎看不见而被归入平胸总目无翼鸟目。几维鸟共有5种，最小的小斑几维鸟平均体重不足2千克，而较大的种类则接近4千克。雌性几维鸟普遍比雄性大。

几维鸟四肢短小，圆圆的身体被浓密的丝状羽毛包裹，如果不看鸟喙，它简直就像颗猕猴桃。也因此，在英语中，几维鸟和猕猴桃共用一个单词。

虽然个头儿不大，但几维鸟下的蛋却不小。一只体重1.5千克的几维鸟下的蛋有大约0.4千克，接近自身体重的四分之一，是所有鸟类中

dàn hé zì shēn tǐ zhòng dà xiǎo zuì jiē jìn de niǎo
蛋和自身体重大小最接近的鸟。

jī wéi niǎo wèi hé néng chǎn xià rú cǐ dà de dàn xué shù jiè mù qián
几维鸟为何能产下如此大的蛋，学术界目前

hái méi yǒu míng què dá àn zuì xīn guān diǎn rèn wéi shì chū yú shēng cún de
还没有明确答案。最新观点认为是出于生存的

xū qiú xīn xī lán dǎo shàng yǒu bù shǎo ròu shí xìng niǎo lèi xiǎo jī wéi
需求。新西兰岛上有不少肉食性鸟类，小几维

niǎo yào xiǎng duǒ guò tiān dí de zhuī shā jiù bì xū zài chū ké hòu hěn duǎn
鸟要想躲过天敌的追杀，就必须在出壳后很短

de shí jiān nèi jù bèi bēn pǎo de néng lì jiào dà de dàn yì wèi zhe xiǎo
的时间内具备奔跑的能力。较大的蛋，意味着小

jī wéi niǎo zài méi chū ké qián néng xī shōu dào gèng duō de yíng yǎng gāng bèi
几维鸟在没出壳前能吸收到更多的营养，刚被

fū chū lái shí jiù zú gòu qiáng zhuàng
孵出来时就足够强壮。

北半球唯一的企鹅——加岛环企鹅

提到企鹅的生存地点，估计很多人首先就会想到冰天雪地的南极。其实除南极及周边的寒带区域外，温带和热带也能见到企鹅的身影，加岛环企鹅就是这些非主流企鹅中的一员。

加岛环企鹅是企鹅家族里的小个子，身高不超过53厘米，体重最多2.6千克。加岛环企鹅因长有一道道环状的条纹，又栖息在科隆群岛上的部分岛屿而得名，是唯一分布在北半球的企鹅，也是唯一生活在赤道附近的企鹅。

赤道上的科隆群岛，最高气温可达40摄氏度，加岛环企鹅能在那里生存，主要有两个原因。第一，科隆群岛受到秘鲁寒流和克伦威尔海流的影响，海水温度要比赤道其他地方的低很多，所以加岛环企鹅不用忍受高温。

第二，科隆群岛附近的水域盛产沙丁鱼、鲻鱼和鳀鱼等“海产品”，是加岛环企鹅理想的“食堂”。

由于生活在热带，加岛环企鹅的羽毛不像南极亲戚那样密实。成年加岛环企鹅喜欢泡在水里纳凉，幼鸟则躲在洞穴里避暑。

lán sè yǔ máo de qǐ é xiǎo qí jiǎo qǐ é
蓝色羽毛的企鹅——小鳍脚企鹅

dà duō shù qǐ é de yǔ máo dōu shì yǐ hēi bái dā pèi wéi zhǔ xiǎo qí jiǎo qǐ é què shì gè lì wài
大多数企鹅的羽毛都是以黑白搭配为主，小鳍脚企鹅却是个例外。

xiǎo qí jiǎo qǐ é shì shì jiè shàng tǐ xíng zuì xiǎo de qǐ é chéng nián hòu shēn gāo zhǐ yǒu yuē lí mǐ tǐ zhòng zhǐ yǒu qiān kè zuǒ yòu tǐ zhòng hái bú dào dì qǐ é de
小鳍脚企鹅是世界上体形最小的企鹅，成年后身高只有约30厘米，体重只有1千克左右，体重还不到帝企鹅的1/30。

xiǎo qí jiǎo qǐ é zài xiāng duì wēn nuǎn de ào dà lì yà dōng nán yán hǎi hé xīn xī lán yán hǎi ān jiā yì shēn lán sè de yǔ máo ràng xiǎo qí jiǎo qǐ é zài qǐ é jiā zú zhōng xiǎn de gé wài yǔ zhòng bù tóng tā men yě yīn cǐ dé dào le xiǎo lán qǐ é lán qǐ é děng bié míng
小鳍脚企鹅在相对温暖的澳大利亚东南沿海和新西兰沿海安家。一身蓝色的羽毛让小鳍脚企鹅在企鹅家族中显得格外与众不同，它们也因此得到了“小蓝企鹅”“蓝企鹅”等别名。

xiǎo qí jiǎo qǐ é yǐ xiǎo qún wéi dān wèi shēng huó yǐ yú xiā yóu yú děng shuǐ shēng dòng wù wéi shí chéng niǎo bái tiān chū qù mì shí dà yuē huáng hūn huí dào zú qún jiāng bàn xiāo huà de shí wù fǎn liú dào kǒu
小鳍脚企鹅以小群为单位生活，以鱼、虾、鱿鱼等水生动物为食。成鸟白天出去觅食，大约黄昏回到族群，将半消化的食物反流到口

zhōng zuǐ duì zuǐ wèi gěi zì jǐ de bǎo bao
中，嘴对嘴喂给自己的宝宝。

xiǎo qí jiǎo qǐ é tōng cháng zài měi nián yuè fán zhí cí
小鳍脚企鹅通常在每年6～12月繁殖，雌

qǐ é huì chǎn xià méi dàn cí qǐ é yǔ xióng qǐ é huì lún liú
企鹅会产下1~2枚蛋，雌企鹅与雄企鹅会轮流

fū dàn lún liú fǎn huí dà hǎi mì shí děng dào xiǎo qí jiǎo qǐ é bǎo bao
孵蛋，轮流返回大海觅食。等到小鳍脚企鹅宝宝

pò ké ér chū fù mǔ huì jì xù lún bān shǒu hù hé wèi yǎng qǐ é bǎo
破壳而出，父母会继续轮班守护和喂养企鹅宝

bao zhí dào bǎo bao néng gòu dú lì shēng huó wèi zhǐ
宝，直到宝宝能够独立生活为止。

Photo Credits

Cover,60,86,92,95,97,108,119,130,142,158,194,201©National Geographic Partners, LLC

3,4,6,8,10,12,14,17,18,20,23,24,26,28,31,32,34,37,39,40,43,44,46,49,51,53,55,57,58,62,65,67,69,70,72,74,76,78,81,83,84,88,90,98,99,101,103,104,106,110,113,115,117,120,123,124,127,128,132,134,137,139,140,145,146,148,151,152,154,157,162,164,166,168,171,172,175,177,179,181,182,184,186,188,190,192,197,198©highlight press